Doaa Komeil

Les protéines extracelluaires produites par Streptomyces scabiei

Doaa Komeil

Les protéines extracelluaires produites par Streptomyces scabiei

Comment la bactérie hydrolyse la subérine du tubercule de la pomme de terre?

Presses Académiques Francophones

Impressum / Mentions légales
Bibliografische Information der Deutschen Nationalbibliothek: Die Deutsche Nationalbibliothek verzeichnet diese Publikation in der Deutschen Nationalbibliografie; detaillierte bibliografische Daten sind im Internet über http://dnb.d-nb.de abrufbar.
Alle in diesem Buch genannten Marken und Produktnamen unterliegen warenzeichen-, marken- oder patentrechtlichem Schutz bzw. sind Warenzeichen oder eingetragene Warenzeichen der jeweiligen Inhaber. Die Wiedergabe von Marken, Produktnamen, Gebrauchsnamen, Handelsnamen, Warenbezeichnungen u.s.w. in diesem Werk berechtigt auch ohne besondere Kennzeichnung nicht zu der Annahme, dass solche Namen im Sinne der Warenzeichen- und Markenschutzgesetzgebung als frei zu betrachten wären und daher von jedermann benutzt werden dürften.

Information bibliographique publiée par la Deutsche Nationalbibliothek: La Deutsche Nationalbibliothek inscrit cette publication à la Deutsche Nationalbibliografie; des données bibliographiques détaillées sont disponibles sur internet à l'adresse http://dnb.d-nb.de.
Toutes marques et noms de produits mentionnés dans ce livre demeurent sous la protection des marques, des marques déposées et des brevets, et sont des marques ou des marques déposées de leurs détenteurs respectifs. L'utilisation des marques, noms de produits, noms communs, noms commerciaux, descriptions de produits, etc, même sans qu'ils soient mentionnés de façon particulière dans ce livre ne signifie en aucune façon que ces noms peuvent être utilisés sans restriction à l'égard de la législation pour la protection des marques et des marques déposées et pourraient donc être utilisés par quiconque.

Coverbild / Photo de couverture: www.ingimage.com

Verlag / Editeur:
Presses Académiques Francophones
ist ein Imprint der / est une marque déposée de
OmniScriptum GmbH & Co. KG
Heinrich-Böcking-Str. 6-8, 66121 Saarbrücken, Deutschland / Allemagne
Email: info@presses-academiques.com

Herstellung: siehe letzte Seite /
Impression: voir la dernière page
ISBN: 978-3-8381-8847-8

Copyright / Droit d'auteur © 2014 OmniScriptum GmbH & Co. KG
Alle Rechte vorbehalten. / Tous droits réservés. Saarbrücken 2014

ÉTUDE SUR LES PROTÉINES EXTRACELLULAIRES PRODUITES PAR
STREPTOMYCES SCABIEI SOUCHE EF-35 EN PRÉSENCE DE SUBÉRINE

par

Doaa Komeil

thèse présentée au Département de biologie en vue

de l'obtention du grade de docteur ès sciences (Ph.D.)

FACULTÉ DES SCIENCES

UNIVERSITÉ DE SHERBROOKE

Sherbrooke, Québec, Canada

Janvier 2013

Le 8 janvier 2013

Le jury a accepté la thèse de
Madame Doaa Komeil
dans sa version finale.

Membres du jury

Professeure Carole Beaulieu
Directrice de recherche
Département de biologie

Professeure Nathalie Beaudoiun
Membre
Département de Biologie

Professeur Pierre-Mathieu Charest
Membre externe
Université Laval

Professeur Ryszard Brzezinski
Président rapporteur
Département de biologie

À mes parents, Magda et Abd elMohsen
À mes soeurs, Marwa et Heba
À mon frère Ibrahim
À mes enfants, Malak et Omar
À mon mari, Walid

SOMMAIRE

La gale commune est l'une des maladies les plus répandues de la pomme de terre. Elle est caractérisée par des lésions superficielles ou profondes au niveau du tubercule. En effet, lors de la colonisation de la pomme de terre, le *Streptomyces scabiei*, principal agent pathogène de cette maladie, entre en contact avec la portion externe du tubercule, le périderme. Ce dernier est essentiellement composé de subérine, un polymère constitué d'acides gras estérifiés (portion aliphatique) et de composés phénoliques (portion aromatique). Or, plusieurs études antérieures ont révélé que la présence de la subérine dans le milieu de culture de l'agent phytopathogène *S. scabiei* induit la production d'enzymes ayant une activité estérasique.

Le travail de cette thèse porte sur l'identification des enzymes hydrolytiques produites en présence de subérine. Pour identifier les enzymes pouvant être impliquées dans la dégradation de la subérine, deux approches ont été utilisées. La première consiste à identifier, dans le génome séquencé et annoté de *S. scabiei* souche 87-22, des gènes codant pour de possibles subérinases et à comparer l'expression de ces gènes dans différentes conditions expérimentales. La deuxième approche consiste à mener une étude protéomique des enzymes extracellulaires produites par le *S. scabiei* souche EF-35 en présence de subérine.

Dans la première approche, nous avons identifié deux gènes (*estA* et *sub1*) codant pour des estérases de *S. scabiei* souche 87-22, de possibles subérinases. De plus, nous avons confirmé la présence de ces gènes dans le génome de *S. scabiei* souche EF-35. À l'aide de la technique de la PCR en temps réel, nous avons ensuite démontré que l'expression de ces deux gènes était fortement induite par la présence de subérine dans le milieu de culture, ce qui suggère une implication de ces gènes dans la dégradation de la subérine. Puis, nous avons testé la transcription de ces deux gènes en présence d'autres polymères végétaux. Les résultats obtenus montrent que tous les polymères testés induisent l'expression de *estA*, tandis que seules la subérine et la cutine (un polymère apparenté à la subérine) induisent l'expression de *sub1*. Ce dernier résultat suggère que *sub1* (contrairement à *estA*) code pour une estérase ayant une spécificité envers la subérine et les polymères apparentés. Finalement, nous avons ensuite vérifié la présence d'orthologues des gènes *estA* et *sub1* dans le génome de différentes espèces de *Streptomyces* par la technique de Southern blot. Il s'avère que des orthologues du gène *estA* se retrouvent dans le génome de plusieurs espèces de *Streptomyces*, alors que le gène *sub1* n'a été retrouvé que dans celui de *Streptomyces* phytopathogènes. Cette observation suggère que le gène *sub1* peut être un déterminant important lors de la colonisation du tubercule.

Dans la deuxième approche, nous avons démontré que le *S. scabiei* souche EF-35 produisait une gamme d'enzymes extracellulaires, dont les principales catégories sont impliquées dans le métabolisme des lipides et le métabolisme et le transport des carbohydrates. Certaines enzymes identifiées peuvent jouer un rôle direct dans la dégradation de la subérine. De nombreuses xylanases, cellulases et glycosyl hydrolases sont produites en quantité importante en présence de la subérine et peuvent être impliquées dans l'hydrolyse des sucres liés à la subérine.

Même si les processus liés à la dégradation enzymatique de la subérine demeurent en grande partie inconnus, ce travail de thèse établit une solide base pour étudier la dégradation de la subérine ainsi que pour déterminer le rôle des enzymes identifiées dans l'interaction entre le *S. scabiei* et sa plante hôte.

Mots clés : enzymes hydrolytiques, estérase, *Streptomyces scabiei*, subérinase, subérine

REMERCIEMENTS

Je voudrais remercier particulièrement la D^{re} Carole Beaulieu, ma directrice de recherche, pour m'avoir accueillie et m'avoir acceptée au sein de son équipe. Vous m'avez appris les bases en matière d'actinomycètes et celles de la patience. Merci pour le soutien inconditionnel et les encouragements dans les moments difficiles. Je vous remercie aussi de m'avoir accueillie chaleureusement à mon arrivée au Québec, quand la maison me semblait tout à coup vraiment loin!

Je remercie également mes conseillers, la D^{re} Nathalie Beaudoin et le Dr Ryszard Brzezinski, qui m'ont suivie tout au long de l'avancement de ce projet et qui ont participé activement à l'évaluation de cette thèse. Je remercie également le Dr Pierre-Mathieu Charest qui me fait l'honneur de juger ce travail. Un grand merci à la D^{re} Anne-Marie Simao-Beaunoir, la femme qui décroche plus vite que son ombre. Ses compétences et son enthousiasme m'ont soutenue sans cesse au cours de mes années de thèse. Je tiens également à remercier le gouvernement égyptien d'avoir financé mes études ainsi que mes professeurs de la Faculté d'agriculture de l'Université d'Alexandrie, notamment le Dr Osama elMenoufi.

Mes plus vifs remerciments vont à tous mes collègues du laboratoire Beaulieu-Brzezinski qui m'ont donné des coups de main au début de mon doctorat et avec qui je me suis beaucoup amusée pendant les « manips ». Je vous souhaite beaucoup de réussites et un avenir radieux. Un merci particulier revient également à Marie-Pierre Dubeau, pour son aide, ses nombreux conseils en biologie moléculaire et sa musique pendant les heures de laboratoire.

La vie hors laboratoire était plus facile grâce à Suzan Mansour et Bessam Abdul Razak. Merci pour tous les coups de main que vous n'hésitez pas à donner à tout moment.. J'ai passé de très beaux moments avec Mina, Asma, Jihene, Soumaya, Halima et Mona. Je vous remercie pour les soirées de filles et pour votre amitié.

Je tiens à adresser ma plus grande gratitude et mon plus gros merci à mes parents, Magda et Abd elMohsen qui m'ont toujours soutenue et encouragée dans mes choix, même si ceux-ci m'ont menée sur un autre continent. Merci à mes sœurs, Marwa et Heba, et à mon frère Ibrahim. Vous avez toujours été là, sur Skype, pour me soutenir, me remonter le moral ou faire la fête, quand j'en avais besoin.

Enfin, je remercie ma petite famille, ma fille Malak, mon fils Omar et mon mari Walid, qui partagent ma vie. C'est un merci très spécial à Walid pour tout le bonheur que tu m'apportes chaque jour. Ce n'est pas tous les jours facile de supporter les états d'âme d'une thésarde en détresse, mais tu as toujours su me redonner le sourire. Sans toi, je pense que je ne serais peut-être pas allée jusqu'au bout.

TABLE DE MATIÈRE

Liste des Abréviations

%: pourcentage

≥: plus grand ou égal à

µg: microgramme

µL: microlitre

µm: micromètre

µmol: micromole

°C: degrée Celsius

16S rRNA: 16S ribosomal RNA

A+T: Adenine + Thyamine

ADN: acide désoxyribonucléique

AIA: Acide indole 3-acétique

ANOVA: Analysis of variance

ATCC: American Type Culture Collection

BLAST: Basic Local Alignment Search Tool

bp: base pair

C: atome de carbone

CAZy: Carbohydrate-Active enZYmes Database

cDNA: complementary deoxyribonucleic acid

CFA: Acide coronafacique

CHAPS: 3-[(3-cholamidopropyl)dimethylammonio]-1-propanesulfonate

CM: Milieu casèine

COR: Coronatine

CSM: Milieu casèine-subérine

Da: Dalton

DIG: Digoxigen

DNA: deoxyribonucleic acid

DTT: Dithiothreitol

FAO: Organisation des Nations Unies pour l'alimentation et l'agriculture

g: gramme

G+C: Guanine + Cytosine

h: heure

IPG: Immobilized pH gradient

KEGG: Kyoto Encyclopedia of Genes and Genomes

kpb: Kilopaires de bases

L: Litre

Lp: Longueur de la protéine

M: Million

min: minute

mL: millilitre

MM: Milieu minimal

mm: millimétre

mM: millimolaire

MOPS: 3-(N-morpholino)propanesulfonic acid

Mpb: mégapaires de bases

mU: Milliunité

NCBI: National Centre for Biotechnology Information

nm: Nanomètre

NSAF: Normalized Spectral Abundance Factor

O.D.: Optical Density

PCR: réaction en chaîne par polymérisation (PCR est l'abréviation anglaise de polymerase chain reaction, l'acronyme français ACP)

PNPB: p-nitrophenyl butyrate

PRIAM: PRofils pour l'Identification Automatique du Métabolisme

RNA: acide ribonucléique (RNA est l'abréviation anglaise de ribonucleic acid, l'acronyme français (ARN).

rpm: rotation par minute

RT-PCR: Reverse Transcriptase polymerase chain reaction

RT-qPCR: real time quatitative polymerase chain reaction

s: seconde

SDS: Sodium dodecyl sulfate

SDS-PAGE: sodium dodecyl sulfate polyacrylamide gel electrophoresis

SM: Milieu subérine

SpC: Number of spectral counts

TRIS: Tris(hydroxymethyl)aminomethane

TSB: Tryptic soy broth

U: Unit

v/v: volume per volume

w/v: weight per volume

w/w: weight per weight

1. La pomme de terre (*Solanum tuberosum* L.)

1.1. Origine de la pomme de terre

La pomme de terre, *Solanum tuberosum* L., est une plante vivace de la famille des Solanacées, qui est couramment cultivée pour ses tubercules amylacés. C'est une importante culture vivrière dans le monde entier. L'origine de la pomme de terre est aux Andes, en Amérique du Sud. L'introduction de la pomme de terre en Europe s'est faite au XVIe siècle par les Espagnols et, à partir de là, elle a été distribuée partout dans le monde (Brown, 1993). Dans les années 1840, l'épidémie de mildiou en Irlande, causée par l'oomycète *Phytophthora infestans*, a été à l'origine d'une grande famine et la cause d'une importante émigration vers le Canada et les États-Unis.

1.2. Production de la pomme de terre

1.2.1. Production mondiale

Aujourd'hui, la pomme de terre est devenue la quatrième culture vivrière dans le monde, après le maïs, le blé et le riz (Rowe et Powelson, 2002). La pomme de terre participe à la sécurité alimentaire des générations présentes et futures surtout dans les pays en voie de développement. La production et la demande de pommes de terre sont en forte croissance en Asie, en Afrique et en Amérique latine. Les principaux pays producteurs de la pomme de terre sont toutefois la Chine, la Russie et l'Inde. En Europe et en Asie, une grande partie de la récolte est utilisée pour la production de fécule de pomme de terre (FAO, 2007).

1

1.2.2. Production de la pomme de terre au Canada

Le Canada est le 12e pays producteur de pommes de terre au monde, avec une production qui atteignait près de quatre millions de tonnes métriques en 2011, représentant 1,5 % de la production mondiale. En fait, la pomme de terre représente la culture de légumes la plus importante au Canada (35 % de l'ensemble des recettes agricoles générées par la production de légumes). Une très grande surface de terre agricoles a été allouée à la culture de pomme de terre pour cultiver la pomme de terre au Canada, ce qui a conduit à une augmentation considérable de la production de pommes de terre à des fins commerciales et industrielles (Statistique Canada, 2011). En effet, ces dernières sont cultivées dans toutes les provinces canadiennes. En 1995, la production commerciale canadienne de pommes de terre se répartissait ainsi : Terre-Neuve, Nouvelle-Écosse, Nouveau-Brunswick et Île-du-Prince-Édouard, 50 %; Québec et Ontario, 24 %; Manitoba, Saskatchewan, Alberta et Colombie-Britannique, 26 %. Les principales provinces productrices sont l'Île-du-Prince-Édouard, le Manitoba, le Nouveau-Brunswick, l'Alberta, le Québec et l'Ontario (Statistique Canada, 2007). Le Canada produit pour environ 850 millions de dollars de pommes de terre chaque année. Ses exportations de produits frais, transformés et de semences atteignent environ un milliard de dollars annuellement. Les Canadiens mangent environ 65 kilogrammes de pommes de terre par habitant annuellement, soit approximativement la même quantité que le total combiné de tous les autres légumes frais qu'ils consomment (Agriculture et agroalimentaire Canada, 2007).

Au Québec, en 2012, la culture de la pomme de terre représentait environ 16 997 hectares de terre (Statistique Canada, 2012). Les principales régions productrices étaient celles de Lanaudière, de Québec, du Saguenay-Lac-Saint-Jean, de la Montérégie et du Centre-du-Québec.

1.3. Description de la plante de pomme de terre

La pomme de terre est une plante vivace qui se propage par multiplication végétative et qui est cultivée comme une espèce annuelle (Rouselle *et al.*, 1996). Elle est constituée de deux parties, l'une aérienne et l'autre souterraine, mais produit à la fois des tiges aériennes et des tiges souterraines.

1.3.1. La partie aérienne

La partie aérienne se compose de plusieurs tiges principales prostrées ou dressées, mesurant un mètre ou moins. Les feuilles sont oblongues et pointues; les fleurs ont une couleur variant du blanc au violet. Les fruits sont des baies de la taille d'une cerise, plus ou moins grosses, charnues, lisses, légèrement aplaties et sillonnées des deux côtés. Celles-ci contiennent un grand nombre de petites graines lenticulaires, blanches, attachées à un placenta hémisphérique et enveloppées d'une substance pulpeuse. Comme les tiges et les feuilles, le fruit contient une quantité significative de solanine, un alcaloïde toxique caractéristique du genre (Rouselle *et al.*, 1996).

1.3.2. La partie souterraine

La partie souterraine comporte des racines fibreuses et des stolons. Les premières permettent à la plante d'aller puiser dans le sol les éléments essentiels à sa croissance. Les extrémités des derniers portent les tubercules. Le tubercule est l'organe le plus intéressant de la plante car il lui confère sa valeur alimentaire. C'est une tige souterraine modifiée qui accumule des réserves. Cultivé pour la consommation, la transformation ou comme semence, le tubercule représente de 75 à 85 % de la matière sèche totale de la plante. Les tubercules sont recouverts d'un périderme qui apparaît en rompant l'épiderme et qui va grossir avec le temps. Ils présentent en surface des bourgeons d'où sortiront les futures tigelles (Rouselle *et al.*, 1996). Les échanges gazeux au niveau du périderme sont assurés par des structures appelés lenticelles qui proviennent d'une expansion des cellules du périderme vers l'extérieur du tubercule (Fig. 1) (Tyner *et al.*, 1997). Même si la majorité des cellules des lenticelles sont subérifées (Tyner *et al.*, 1997), les lenticelles sont des points d'entrée possibles pour les agents pathogènes (Adams, 1975).

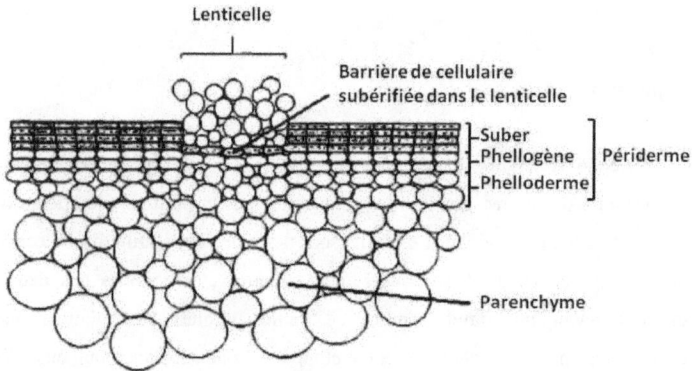

Figure 1. Diagramme d'une coupe longitudinale d'un tubercule de pomme de terre qui montre la structure du périderme et d'un lenticelle (adaptée de Tyner *et al.*, 1997).

1.3.3. Le périderme du tubercule de la pomme de terre

Pour éviter la perte d'eau, les plantes ont développé des barrières lipophiles, tels que la cuticule et le périderme. En effet, la cuticule est une couche hydrophobe mince continue (entre 0,1 et 10 µm d'épaisseur) déposée sur les parois cellulaires externes de l'épiderme des organes végétaux aériens, notamment de celui des fruits, des feuilles, des tiges et des certains organes floraux (Riederer et Schreiber, 2001). La cuticule est composée d'un polymère matrice (la cutine), qui peut être dépolymérisée par le clivage des liens esters unissant les acides gras la composant, d'une autre matrice polymère (appelée cutane) et

4

de cires intracuticulaires et épicuticulaires (Pollard *et al.*, 2008). Le cutane est un polymère très résistant à la dépolymérisation. Il ne contient pas de liens esters et forme un réseau de composés aliphatiques liés par des liens éthers dans lequel l'acide linolénique est préférentiellement incorporé (Villena *et al.*, 1999).

Le périderme, pour sa part, se trouve dans les organes végétaux aériens et souterrains qui élaborent une croissance secondaire comme le tubercule de la pomme de terre, la tige en croissance secondaire (écorce des arbres entre autres) et certains fruits comme la pomme (Bernards, 2002). Le périderme du tubercule de la pomme de terre est le tissu de revêtement du tubercule. Le périderme est la région du tubercule la plus pauvre en grains d'amidon.

Le périderme est plus communément connu sous le nom de pelure ou de peau. La formation du périderme de la pomme de terre commence dès que le bout du stolon gonfle et se poursuit jusqu'à ce que le tubercule cesse de croître à la récolte ou par la sénescence de la plante (Peterson et Barker, 1979). Au moment de la récolte, le périderme est fragile et sensible aux blessures et aux dommages mécaniques. Dans les deux ou trois premières semaines suivant la récolte, le périderme atteint la maturité en acquérant une couverture lipidique complète (Schreiber *et al.*, 2005), il devient fortement attaché aux restes des cellules du tubercule et développe ainsi ses propriétés de barrière contre l'eau (Lendzian, 2006). La différenciation du périderme du tubercule de la pomme de terre implique l'expansion des cellules, le dépôt intense de la subérine et un programme de sénescence irréversible qui se termine par la mort cellulaire (Sabba et Lulai, 2002).

La couche des cellules épidermiques originales du tubercule ne subsiste pas longtemps. Elle est remplacée par le périderme qui se compose de trois types cellulaires : le phellème, le phellogène et le phelloderme (Figs. 1 et 2) (Tyner *et al.*, 1997). Le phellogène est une zone génératrice qui adapte la structure du tubercule en fonction de son accroissement interne. Il est à l'origine du phellème, vers l'extérieur, et du phelloderme, vers l'intérieur.

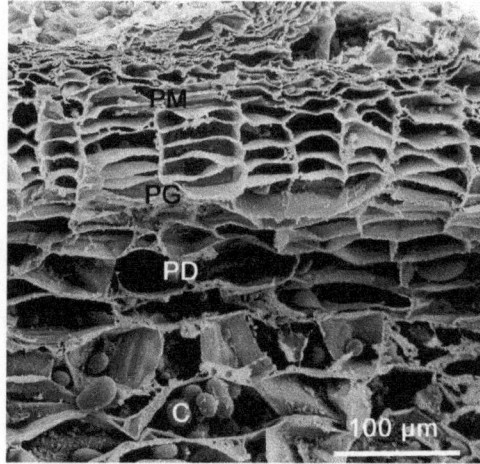

Figure 2. Périderme du tubercule de la pomme de terre observé par microscopie à balayage. Le périderme se compose de phellème (PM), de phellogène (PG) et de phelloderme (PD) situés au-dessus des cellules corticales (C) (adaptée de Lulia et Freeman, 2001).

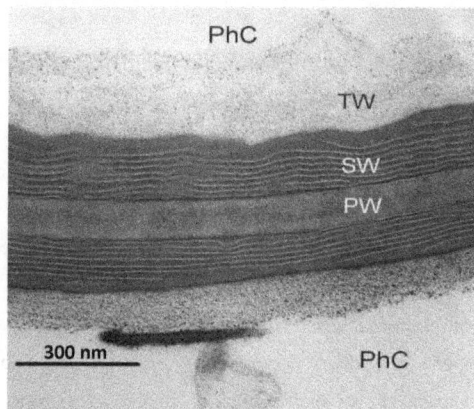

Figure 3. Ultrastructure de la paroi du phellème du tubercule de la pomme de terre. La paroi cellulaire subérifiée montre l'ultrastructure régulière de la subérine, où alternent les lamelles foncées et les lamelles claires. Paroi primaire (PW), paroi secondaire subérifiée (SW), paroi tertiaire (TW), phellème (PhC) (adaptée de Serra *et al.*, 2010).

6

Le phellème forme une série de couches au niveau externe du périderme. Le phellème est constitué de cellules qui produisent dans leurs parois des couches de composés lipidiques, la subérine (section 6) (Lulai et Freeman, 2001). La paroi cellulaire des cellules du phellème du tubercule de la pomme de terre est constituée d'une paroi cellulaire primaire, d'une paroi cellulaire secondaire subérifiée et d'une paroi cellulaire tertiaire (Fig. 3) (Serra *et al.*, 2010).

En utilisant la microscopie électronique en transmission (TEM), on observe que l'ultrastructure de la subérine montre une alternance de lamelles denses, opaques et translucides (Fig. 3) (Graça et Santos, 2007; Serra *et al.*, 2010). Les bandes claires sont sensées être la portion aliphatique de la subérine et les cires associées, tandis que les lamelles foncées sont composées du domaine polyaromatique de la subérine (Bernards *et al.*, 1995). L'étude microscopique montre que la portion aliphatique de la paroi cellulaire secondaire est plus importante que la portion polyaromatique (Graça et Santos, 2007).

La présence de subérine dans le périderme rend ses cellules imperméables à l'eau. Les protoplasmes de ces cellules dégénèrent donc rapidement (Kolattukudy, 2001; Graça et Santos, 2007). Le phellème est donc un tissu protecteur mort. La présence de subérine peut également conférer une certaine résistance contre les maladies végétales (Lulai et Corsini, 1998; Kolattukudy, 1984). La subérine peut agir comme une barrière à la diffusion des enzymes ou des toxines produites par les agents phytopathogènes ou bien comme un obstacle structurel à l'ingression de l'agent pathogène. La subérine peut aussi agir comme barrière biochimique contre les microbes en raison de la forte proportion de matériel phénolique incorporé dans le polymère (Kolattukudy, 1984).

1.4. Les maladies de la pomme de terre

Plusieurs ennemis peuvent nuire à la culture de la pomme de terre. Les maladies de la pomme de terre diminuent non seulement le rendement, mais aussi la qualité marchande et la valeur du produit. En effet, la pomme de terre est sensible à différents agents pathogènes, notamment les champignons, les bactéries, les virus, les mycoplasmes et les nématodes, qui peuvent nuire à tous ses stades de développement, et même pendant l'entreposage. Plus d'une vingtaine de maladies peuvent affecter la pomme de terre au Québec (Canada). Le mildiou (*Phytophthora infestans* (Mont.) de Bary, l'alternariose (*Alternaria solani* Sorauer) et le flétrissement vasculaire (*Fusarium* spp.) affectent principalement le feuillage. Cependant, la rhizoctonie (*Rhizoctonia solani* Kühn), la gale verruqueuse (*Synchytrium endobioticum* (Schilberszky) Percival) et la gale poudreuse (*Spongospora subterranea* (Wallroth) Lagerheim f. sp. *subterranea* Tomlinson) dans le groupe de champignons, ainsi que la gale commune (*Streptomyces scabiei* (Thaxter) Lambert et Loria) dans le groupe bactérien défigurent les tubercules et réduisent leur valeur.

Toutefois, mon projet de recherche actuel sera essentiellement focalisé sur l'actinobactérie *Streptomyces scabiei*, un agent phytopathogène qui vit dans le sol. Il est capable d'infecter le tubercule de la pomme de terre durant le stade de tubérisation, ce qui entraîne des pertes économiques importantes (Hill et Lazarovits, 2005). Le *S. scabiei* est connu comme l'agent principal de la maladie de la gale commune de la pomme de terre en Amérique du Nord (Wanner, 2009). Cette maladie nuit à l'apparence, à la classification et à la qualité culinaire du tubercule, mais elle n'influence ni le rendement, ni la durée de l'entreposage.

2. L'agent phytopathogène *S. scabiei*

2.1. Définition du genre *Streptomyces*

Les organismes du genre *Streptomyces* produisent environ 70 % des antibiotiques découverts jusqu'à ce jour (Berdy, 2005). Ils sont trouvés dans les sols de façon ubiquitaire (Lloyd, 1969; Stackebrandt *et al.*, 1997). Les streptomycètes sont les responsables de l'odeur caractéristique de la terre, qui est liée à la production d'un composé volatile, la géosmine (Bear et Thomas, 1964). La plupart des *Streptomyces* vivent en saprophytes dans les sols en sécrétant des enzymes extracellulaires aptes à dépolymériser les polymères récalcitrants de la matière végétale (Hodgson, 2000), en particulier la lignine et la cellulose (Crawford et Crawford, 1980). Ils apportent donc une contribution importante au cycle du carbone et au recyclage des éléments nutritifs dans l'environnement.

Les streptomycètes sont des bactéries à Gram positif, aérobies qui font partie de l'ordre des Actinomycétales, de la classe Actinobacteria, qui vivent dans le sol sous forme végétative mycéloïde ou sous forme de spores (Stackebrandt *et al.*, 1997). Les *Streptomyces* produisent un mycélium basal extensivement ramifié et un mycélium aérien. Pendant la phase végétative, le mycélium basal coenocytique mesure entre 0,5 et 1,0 µm de diamètre. La croissance se produit par l'extension de l'apex des hyphes, en formant des branchements ramifiés, ce qui produit une matrice complexe d'hyphes, la colonie. Lors du vieillissement de la colonie, le mycélium aérien (les sporophores) est produit et se développe en des chaînes de spores (conidies) après le cloisonnement du mycélium multinuclé. Ce processus est suivi par la séparation des cellules individuelles pour former les spores (Wildermuth et Hopwood, 1970).

Les caractéristiques morphologiques du mycélium aérien et des spores sont importantes pour la caractérisation du genre (mode de ramification, configuration des chaînes de spores et surface des spores). La surface de la paroi des spores a souvent des projections alambiquées qui, avec la forme et la disposition des structures de spores, sont caractéristiques de chaque espèce. Elles ont souvent été utilisées pour la classification des espèces de *Streptomyces* (Pridham *et al.*, 1958; Korn-Wendisch et Kutzner, 1992). Les streptomycètes peuvent aussi être distingués des autres actinobactéries par leur paroi cellulaire. Chez le genre *Streptomyces*, la paroi cellulaire se caractérise par un peptidoglycane comportant une quantité importante d'acide L L- diaminopimélique et de la glycine et ne renferme pas ni chitine ni cellulose (Lechevalier et Lechevalier, 1970). Les membres du genre ne possèdent pas d'acides mycoliques, mais contiennent des quantités importantes d'acides gras saturés et des ménaquinones comportant des unités isoprènes avec des motifs complexes de lipides polaires. En plus de ces caractéristiques, on trouve un groupe acétyle dans le résidu acyle muramyl issu des peptidoglycanes présents dans la paroi cellulaire (Kämpfer, 2006).

Tous les génomes de *Streptomyces* séquencés à ce jour sont linéaires (Lin *et al.*, 1993; Yang *et al.*, 2002; Bao et Cohen, 2003). Le matériel génétique des *Streptomyces* a normalement une composition riche en guanine et en cytosine (G + C). Cette composition rend le matériel génétique difficile à manipuler, probablement à cause de la grande stabilité thermodynamique des paires de bases G + C comparativement aux paires de bases A + T (Pranta et Jorgensen, 1991). L'organisation du chromosome linéaire des *Streptomyces* facilite la flexibilité du génome. La région centrale du chromosome est enrichie de gènes qui ont des fonctions métaboliques essentielles, tandis que les gènes codant pour des fonctions moins importantes ont tendance à se situer sur les bras chromosomiques (Loria *et al.*, 2006).

2.2. Caractéristiques de *S. scabiei*

L'agent pathogène *S. scabiei* a été isolé en 1890 et Thaxter l'a d'abord nommé *Oospora scabies* (Thaxter, 1891). Ensuite, Güssow (1914) a modifié son nom pour *Actinomyces scabies* en 1914. Puis, en 1943, Waksman et Henrici l'ont renommé *S. scabies*. La taxonomie de la bactérie est cependant restée confuse à cause de la perte de la souche type et des différents phénotypes attribués aux isolats pathogènes des années 1960 jusqu'à la fin des années 1980. On considérait alors l'espèce comme *incertae sedis* (souche type qui n'existe pas, mais dont de nombreuses souches sont disponibles). En 1989, le nom et la position taxonomique de *S. scabies* (syn. *S. scabiei*) ont été redéfinis par Lambert et Loria (1989b). Ils ont alors proposé la souche ATCC 49173 comme un néotype.

La souche type de *S. scabiei* est caractérisée par la production de mélanine et de spores grises, lisses, assemblées en chaînes spiralées. Parmi les sucres utilisés par le *S. scabiei*, on retrouve le L-arabinose, le D-fructose, le D-glucose, le D-mannitol, le rhamnose, le saccharose, le D-xylose et le raffinose (Shirling et Gottlieb, 1968 a,b). La croissance du *S. scabiei* est sensible à la streptomycine et est inhibée sur milieu gélosé présentant un pH inférieur à 5 (Lambert et Loria, 1989a).

En 1997, Trüper et De'Clari ont proposé de corriger le nom de *S. scabies* par *S. scabiei* sur la base de la règle 12 du Code international de la nomenclature des bactéries. Même si le nom *S. scabies* reste encore largement utilisé par la communauté scientifique, le nom approprié est *S. scabiei*.

2.3. Description morphologique de *S. scabiei*

Le *S. scabiei* possède des filaments mycéliens ténus qui mesurent environ 1 µm de diamètre. Dans la première phase de croissance (stade végétatif), le mycélium colonisant le substrat en milieu solide n'est pas cloisonné. Dans la deuxième phase de croissance, les hyphes poussent vers l'extérieur du substrat, dans l'air conduisant à la formation de colonies grisâtres ayant un aspect pelucheux (Fig. 4A). Les hyphes aériens se différencient par cloisonnement. Les spores ou les conidies sont cylindriques et mesurent de 0,5 à 1,0 µm. Elles sont produites sur des hyphes ramifiés (les conidiophores), qui forment des cloisons successives, de leur extrémité vers la base. À mesure que la cloison se contracte, les spores se dissocient et finissent par se détacher des hyphes. Les conidies sont produites en chaînes spiralées (Fig. 4B) et germent grâce à un ou deux tubes germinatifs qui donnent naissance à la forme mycéloïde. En culture liquide et sans

11

agitation, les hyphes formés après la germination des spores montent en surface pour croître au contact de l'air (van Keulen *et al.*, 2003). Pourtant, en milieu liquide avec agitation, deux catégories d'hyphes différents peuvent se former : les hyphes dispersés et les hyphes agrégés. Dans les hyphes dispersés, les mycélia filamenteux libres se ramifient dans un premier temps, puis s'agrègent, conduisant ainsi à la formation d'une masse ou d'agrégats de mycélium. Ces agrégats sont denses et sphériques et peuvent atteindre quelques millimètres de diamètre (Drouin *et al.*, 1997; Papagianni, 2004). La formation des agrégats peut entraîner une limitation du transfert d'oxygène ou des nutriments du milieu de culture vers les bactéries situées à l'intérieur de la masse (Papagianni, 2004), ce qui nuit au *S. scabiei*, qui est une bactérie aérobie stricte. Les agrégats n'augmentent donc de taille que par la croissance des cellules à la surface de la sphère (Reichl *et al.*, 1992; Tamura *et al.*, 1997). Il est à noter que la sporulation en milieu liquide est rare.

2.4. Le génome de *S. scabiei*

Le génome complètement séquencé de *S. scabiei* souche 87-22 est composé d'environ 10,1 M paires de bases et est riche en G + C (71,45 %). Il s'agit d'environ 1,5 M paires de base de plus que le génome de *S. coelicolor* A3(2), le streptomycète modèle (Bentley *et al.*, 2002).

Un grand îlot de pathogénicité a été identifié et partiellement séquencé dans le génome de la bactérie *S. turgidiscabies* souche Car8, un autre agent phytopathogène qui cause la gale commune sur les tubercules de pommes de terre (Kers *et al.*, 2005). Cet îlot a été utilisé pour identifier les régions de virulence conservées dans le génome de *S. scabiei* souche 87-22. Les gènes associés à l'îlot de pathogénicité de *S. turgidiscabies* se trouveraient dans deux régions éloignées du génome de *S. scabiei* souche 87-22 (Lerat *et al.*, 2009). Les auteurs de ces recherches ont suggéré de nommer ces deux régions comme suit : la région de colonisation (coordonnées estimées *c.* 8471–8581 kb; 68,5 % contenu de G + C) et la région toxicogénique (coordonnées estimées *c.* 3596–3653 kb; 68 % contenu de G + C). La région de colonisation contient, entre autres, les gènes *nec1*

12

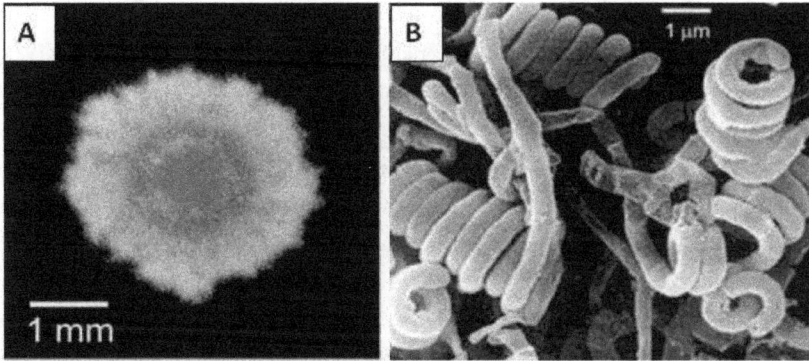

Figure 4. Morphologie de *S. scabiei* souche EF-35. (A) Colonie après 5 jours de croissance sur un milieu minimum supplémenté d'amidon (Lerat *et al.*, 2010); (B) Mycélium aérien de *S. scabiei* souche EF-35, observé à l'aide d'un microscope électronique à balayage (Lerat *et al.*, 2009).

(section 4.3.1) et *tomA* (section 4.3.2), qui jouent un rôle accessoire dans la virulence de l'agent pathogène. Quant aux gènes associés à la production de la thaxtomine (section 4.4.1), une toxine indispensable au pouvoir pathogène, ils sont regroupés dans la région toxicogénique (Lerat et *al.*, 2009).

3. La maladie de la gale commune de la pomme de terre

3.1. Distribution géographique de la gale commune

La gale commune est une maladie bactérienne importante de la pomme de terre que l'on trouve dans toutes les régions du monde où se cultive la pomme de terre. Le *S. scabiei* est considéré comme l'agent pathogène principal en Amérique du Nord. Cette maladie a été décrite pour la première fois en 1890. Les informations actuelles démontrent que la gale commune est presque aussi largement distribuée que l'hôte lui-même (Loria *et al.*, 1997).

13

Elle est présente dans toutes les régions de l'Amérique du Nord et de l'Europe où on cultive la pomme de terre (Keinath et Loria, 1989; Wanner, 2009). Tashiro *et al.* (1983) rapportent l'incidence de la maladie en Extrême-Orient, tandis que Mishra et Srivastava (2001) se réfèrent à un problème de gale commune important en Inde. Un rapport publié par Pung et Cross (2000) a confirmé la présence de la maladie à Victoria (Australie) et sur l'île de Tasmanie. Elle avait été précédemment rapportée en Australie du Sud par Dillard *et al.* (1988). La gale commune se produit également au Royaume-Uni (Large et Honey, 1953; Read *et al.*, 1995), en Suède (Emilsson et Gustafsson, 1953), en Finlande (Heinamies et Seppäne, 1971), en Irlande (Dowley, 1972), en Autriche (Wenzl et Reichard, 1974), en Hongrie (Elesawy et Szabo, 1979), en Norvège (Bjor et Roer, 1980; Dees *et al.*, 2012), aux Pays-Bas (Janse, 1988), en Grèce (Alivizatos et Pantazis, 1992), en Pologne (Sadowski *et al.*, 1996), en France (Bouchek-Mechiche *et al.*, 2000), en Europe Centrale (Pánkovà *et al.*, 2012), en Israël (Doering-Saad *et al.*, 1992), en Égypte (el-Sayed, 2001), en Algérie (Bencheikh et Setti, 2007), en Corée (Park *et al.*, 2003b) et au Japon (Miyajima *et al.*, 1998).

3.2. Gamme d'hôtes

L'espèce la plus étudiée de streptomycètes phytopathogènes est le *S. scabiei*. Cette bactérie cause la maladie de la gale commune non seulement sur la pomme de terre, mais aussi sur des espèces végétales à racines pivotantes comme le radis (*Raphanus sativus* L.), le navet (*Brassica rapa* L.), la carotte (*Daucus carota* L.) et le rutabaga (*Brassica napus* L. var. *napobrassica* (L.) (Goyer et Beaulieu, 1997) ainsi que sur la gousse d'arachide (*Arachis hypogaea* L.) (de Klerk *et al.*, 1997). Ce microorganisme est également connu pour réduire la croissance des plantules chez la plupart des monocotylédones et dicotylédones en induisant une nécrose des racines (Kritzman *et al.*, 1996; Leiner *et al.*, 1996).

3.3. Cycle de la maladie causée par la bactérie *S. scabiei* chez la pomme de terre

Le *S. scabiei* peut survivre pendant l'hiver dans le sol, sur les végétaux en décomposition et sur les racines de plantes vivantes (Agrios, 2005). Au printemps, les bactéries sont dispersées jusqu'à la plante par les éclaboussures (l'irrigation ou la pluie), le vent, les semences infectées et la machinerie agricole. Par la suite, l'agent pathogène envahit le périderme du tubercule en entrant principalement par les lenticelles ou les blessures (Adams et Lapwood, 1978), pendant les cinq premières semaines du développement des tubercules. Une pénétration directe a aussi été rapportée (Loria *et al.*, 2003). Si le sol est relativement sec durant cette période, les bactéries antagonistes aux *Streptomyces* et qui sont normalement présentes dans les lenticelles disparaissent, ce qui permet aux organismes causant la gale commune d'infecter plus facilement les tubercules. Après la pénétration, le parasite colonise quelques couches de cellules du périderme du tubercule et cause leur mort. Pendant sa croissance, la bactérie sécrète des substances biochimiques (probablement la thaxtomine) qui stimulent les cellules entourant le foyer de l'infection à se diviser rapidement, ce qui entraîne la subérisation (Babcock *et al.,* 1993). La subérisation est le processus de transformation des cellules sous-jacentes à l'infection en liège. Pour empêcher la propagation du mycélium vers l'intérieur du tubercule, les cellules végétales entourant le foyer d'infection se divisent et se différencient pour former une ou plusieurs couches du périderme. Ces couches de liège protègent la plante contre la perte d'humidité et l'attaque microbienne, mais offrent à l'agent pathogène des tissus morts supplémentaires pour se nourrir. La couche de liège pousse alors de la zone infectée vers l'extérieur, le périderme de la pomme de terre se déchire et les lésions se forment. Le cycle se répète plusieurs fois, ce qui donne au tubercule mature les lésions caractéristiques de la gale commune (Agrios, 2005). Le *S. scabiei* est un parasite opportuniste qui produit peu de cellules infectieuses. Il disparaît souvent à l'apparition des symptômes, ce qui le rend difficile à isoler des tissus malades. Il est plus facile d'isoler cet organisme à partir de jeunes lésions que de lésions âgées, qui peuvent avoir été envahies par des organismes secondaires. La figure 5 résume le cycle de la maladie.

15

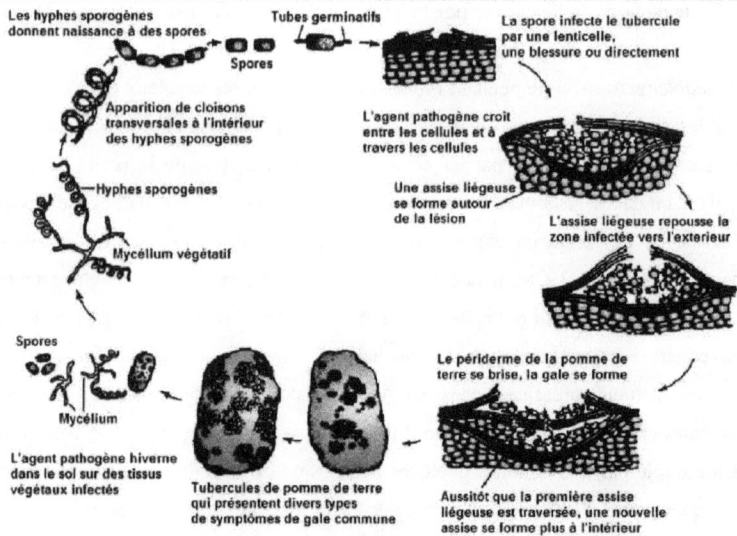

Figure 5. Cycle de la maladie de la gale commune de la pomme de terre causée par
S. scabiei (adapté de Agrios, 2005).

3.4. Symptômes de la maladie de la gale commune

Les tubercules réagissent à l'infection parasitaire par la formation, au niveau des cellules
du périderme, d'un tissu cicatriciel qui peut se présenter sous divers aspects.
Généralement, la gale commune présente une grande diversité de types de symptômes,
plus ou moins graves. Les principaux sont des lésions sur le périderme pouvant atteindre
entre 5 à 10 mm de diamètre, de formes irrégulières, de couleur marron clair à brun. Les
lésions ressemblent à des croûtes réparties au hasard à la surface du périderme.

On répertorie plusieurs formes de gale commune (Dallaire, 2007) (Fig. 6) :

1. La gale superficielle : les symptômes se limitent à la surface et seulement les couches supérieures de l'épiderme meurent. Les lésions sont superficielles et liégeuses.

2. La gale en saillie (bosselée) : le tissu se reforme en dessous des lésions qui se soulèvent en forme de cratères. Les lésions sont éruptives.

3. La gale profonde : les lésions présentent des enfoncements marqués et sillonnés brun foncé et mesurent jusqu'à 6 mm de profondeur.

4. Gale réticulée : les lésions forment un quadrillage en filet (des craquelures superficielles).

En fait, ces différentes formes de gale commune ne concernent qu'une seule et même maladie. Le type de lésion dépend de la virulence de la souche de *Streptomyces*, du cultivar de pomme de terre, du moment où s'est produite l'infection et des conditions environnementales. Ces symptômes peuvent donc dépendre du type de sol et des conditions climatiques. Les conditions du sol favorisant le développement de la maladie sont un pH entre 5,2 et 7,0, une température optimale se situant dans une plage de 20 à 22°C et une faible teneur en humidité (Wharton *et al.*, 2007).

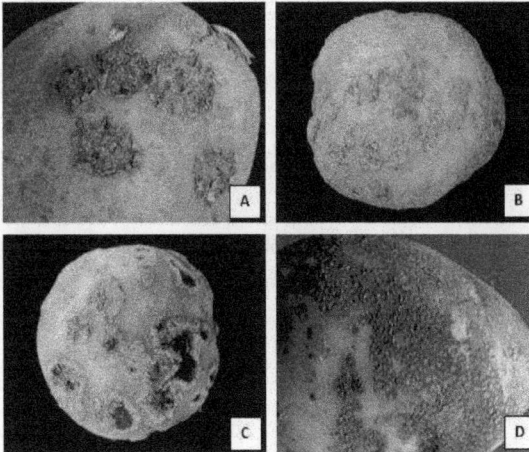

Figure 6. Différentes formes de la gale commune : (A) gale superficielle; (B) gale bosselée; (C) gale profonde; (D) gale réticulée (adaptée de Dallaire, 2007).

17

3.5. Autres agents phytopathogènes responsables de la maladie de la gale commune de la pomme de terre

La gale commune de la pomme de terre peut être causée par d'autres espèces de *Streptomyces* que le *S. scabiei*. En effet, le *S. acidiscabies* Lambert et Loria et le *S. turgidiscabies* Takeuchi sont deux autres espèces qui causent la maladie de la gale commune et produisent des symptômes semblables à ceux de *S. scabiei*; elles ont toutefois une distribution géographique plus limitée que celle de *S. scabiei*. Le *S. acidiscabies* a parfois été signalé aux États-Unis et au Canada, dans les sols à faible pH (Lambert et Loria, 1989a; Faucher *et al.*, 1992). Enfin, le *S. turgidiscabies* Takeuchi a été isolé à partir de pommes de terre cultivées sur l'île d'Hokkaido au Japon (Takeuchi *et al*, 1996; Miyajima *et al.,* 1998), en Finlande (Lindholm *et al.*, 1997; Kreuze *et al.*, 1999), dans le nord de la Suède (Lehtonen *et al.*, 2004) et aux États-Unis (Wanner, 2006 et 2009).

Il existe d'autres espèces de streptomycètes capables de causer la gale à la pomme de terre, comme le *S. europaeiscabiei*, le *S. stelliscabiei* (Bouchek-Mechiche *et al.,* 2000), le *S. luridiscabiei*, le *S. niveiscabiei* et le *S. puniciscabiei* (Park *et al.*, 2003a). Cependant, ces espèces ont été rarement étudiées.

4. Les principaux facteurs de virulence chez l'agent pathogène *S. scabiei*

Comme tous les agents phytopathogènes, le *S. scabiei* doit, pour causer une maladie, entrer en contact avec la plante, s'attacher à la surface des tissus, puis pénétrer dans les tissus (Loria *et al.*, 1997). Chacune de ces étapes suppose une adaptation du microorganisme à son hôte, incluant la production des molécules spécifiques lui permettant de coloniser la plante.

4.1. Facteurs responsables de la reconnaissance et de l'adhésion

Il est probable que le *S. scabiei* soit capable de reconnaître sa plante hôte grâce à ses acides téichoïques, qu'on trouve uniquement dans les parois cellulaires des bactéries à Gram positif et se sont liés de manière covalente aux peptidoglycane (Shashkov *et al.*, 2002). Les acides téichoïques des bactéries à Gram-positif pathogènes des animaux sont impliqués dans la reconnaissance de leur hôte et l'adhésion bactérienne à celui-ci (Weidenmaier et Peschel, 2008). Les polymères anioniques associés à la paroi cellulaire se sont avérés contenir un polymère d'acide 3-désoxy-D-glycéro-D-galacto-non-2-uloyranosonique (Kdn-polymère), qui pourrait jouer un rôle essentiel pour la fixation de *S. scabiei* à la surface de son hôte (Shashkov *et al.*, 2002). La reconnaissance de la plante hôte est fort probablement la première étape du cycle de la maladie, mais aucune preuve expérimentale de ce mécanisme n'a été établie dans le cas de la gale commune de la pomme de terre.

4.2. Facteurs responsables de la colonisation externe du tubercule de la pomme de terre et de la pénétration dans les tissus

La colonisation réussie d'une plante hôte exige que l'agent pathogène ait des mécanismes efficaces pour pénétrer les tissus végétaux. Le *S. scabiei* est capable d'infecter les tissus du tubercule de la pomme de terre en expansion et se développe intercellulairement à la suite d'une entrée au niveau des lenticelles ou des blessures (Agrios, 2005). Une pénétration directe (force mécanique) par les cellules épidermiques immatures est aussi possible (Loria *et al.*, 2003). La nature filamenteuse de *S. scabiei* lui permet de coloniser agressivement la surface du tubercule de la pomme de terre (Fig. 7A). En effet, une matrice d'attachement semble être présente à l'interface des cellules du tubercule et des hyphes de *S. scabiei* colonisant le tubercule. La composition de cette matrice ressemble aux hydrophobines (Loria *et al.*, 2003), ces protéines hydrophobes de petite taille sécrétées par certains champignons phytopathogènes. Elles sont sécrétées sous forme de monomères qui se polymérisent spontanément aux interfaces hydrophobes-hydrophiles et

19

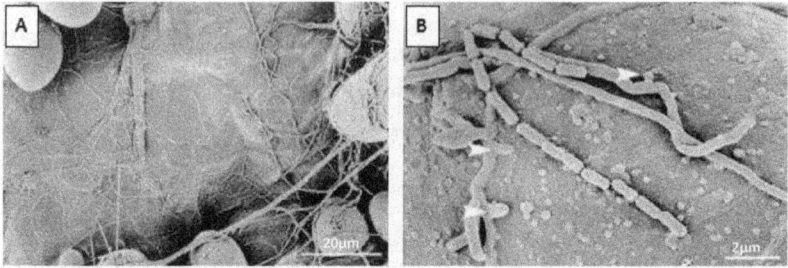

Figure 7. Colonisation et pénétration du tubercule de pomme de terre par le *S. scabiei*. (A)
Le réseau d'hyphes extensifs du *S. scabiei* colonisant la surface du tubercule de la
pomme de terre est observé par microscopie à balayage. (B) *S. scabiei* pénètre
directement les cellules de l'épiderme du tubercule en utilisant de petits hyphes
secondaires se développant à partir des hyphes principaux. Les flèches montrent
de courts hyphes perpendiculaires aux hyphes primaires, qui sont capables de
pénétrer à une courte distance du point de branchement, ce qui suggère que ces
hyphes secondaires sont des structures spécialisées de pénétration (adaptée de
Loria *et al.*, 2003).

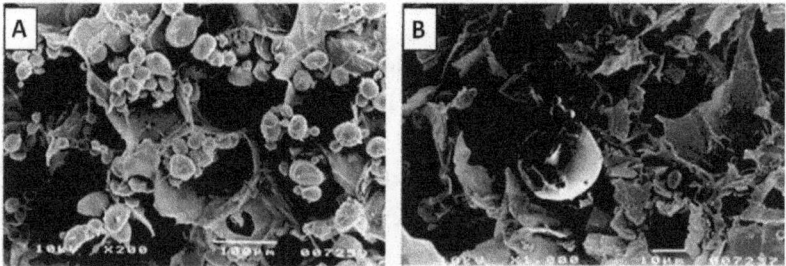

Figure 8. Coupe transversale du périderme d'un tubercule de pomme de terre sain (A) et
infecté par le *S. scabiei* (B). La dégradation des parois observées en (B) suggère la
production d'enzymes hydrolytiques par l'agent pathogène (Blaszczak *et
al.*, 2005).

sont impliquées dans le développement morphogénétique de ces microorganismes (Tucker et Talbot, 2001).

L'utilisation d'une force mécanique (pénétration directe) afin de pénétrer les parois cellulaires intactes du périderme du tubercule a été proposée par Loria *et al.* (2003). Ils ont réussi à photographier des hyphes secondaires qui émergent perpendiculairement des hyphes principaux ou primaires et qui sont capables de pénétrer la surface du tubercule pour coloniser les cellules internes (Fig. 7B) (Loria *et al.*, 2003). Mais ce mécanisme de pénétration doit vraisemblablement être accompagné par la sécrétion d'enzymes hydrolytiques qui faciliteraient la rupture de la barrière subérifiée et la dégradation des parois, comme le suggèrent les observations microscopiques de tissus infectés (Błaszczak *et al.*, 2005) (Fig. 8). Ce type de preuve est toutefois indirect et doit toujours être confirmé par des approches expérimentales.

4.3. Facteurs de virulence possiblement impliqués dans la colonisation interne du tubercule

4.3.1. Le gène *nec1*

Le gène *nec1* est responsable de la synthèse d'un facteur de nécrose (Bukhalid et Loria, 1997). La plupart de souches phytopathogènes causant la gale commune de la pomme de terre contiennent *nec1* (Bukhalid *et al.*, 1998). Le transfert d'un fragment de 9,4 kb contenant la région *nec1* vers *S. lividans*, une espèce non pathogène, semble être suffisant pour provoquer la nécrose et la colonisation des tranches de pomme de terre par la souche recombinante (Bukhalid et Loria, 1997). Des chercheurs ont déjà proposé que la protéine Nec1 soit un facteur de virulence sécrété au début de l'infection (Joshi *et al.*, 2007a). Toutefois, la protéine sécrétée, Nec1, ne serait pas indispensable au pouvoir pathogène. Par contre, elle serait utile à la colonisation de la plante hôte ou à la suppression des réponses de défense de la plante hôte. En effet, des plants de radis inoculés avec le mutant *Δnec1* sont infectés, mais le mutant n'arrive pas à coloniser le méristème de la racine de radis (Joshi *et al.*, 2007a).

4.3.2. Le gène *tomA*

Le gène *tomA* est un gène orthologue à des gènes codant pour des tomatinases chez des champignons pathogènes de la tomate. Il a été découvert dans l'îlot de pathogénicité de *S. turgidiscabies* souche Car8 (Kers *et al.*, 2005). C'est aussi un gène fonctionnel dans le *S. scabiei* souche 87-22 (Seipke et Loria, 2008). Les tomatinases appartiennent à une classe d'enzymes sécrétées, appelées saponinases (Kers *et al.*, 2005; Wanner, 2006). Le rôle des saponinases est de détoxifier les composés antimicrobiens produits par les plantes, les phytoanticipines, pour se défendre contre les agents pathogènes (Bouarab *et al.*, 2002). Même si la virulence d'une souche de *S. scabiei* portant une mutation empêchant la transcription de *tomA* n'a pas été affectée, la conservation de ce gène chez les espèces pathogènes de *Streptomyces* suggère son implication dans la suppression des mécanismes de défense des plantes pour faciliter la colonisation interne de la pomme de terre (Seipke et Loria, 2008).

4.3.3. L'acide indole acétique

La capacité de *S. scabiei* de produire de l'acide indole 3- acétique (AIA), une hormone végétale (Manulis *et al.*, 1994) est bien connue. En effet, les gènes orthologues à *iaa*H (indole acetimide hydrolase) et *iaa*M (tryptophane-2-monnoxygenase) dans les bactéries *Agrobacteriurm tumefaciens* et *A. vitis* sont aussi présents dans le génome du *S. scabiei* (Hsu, 2010), ce qui suggère que cet organisme produit de l'AIA à partir du L-tryptophane en utilisant la voie de l'indole-3-acétamide (Spaepen *et al.*, 2007).

Chez d'autres espèces phytopathogènes, l'AIA stimulerait la libération de saccharides de la paroi des cellules végétales, ce qui, selon certains chercheurs, pourrait fournir une source de nutriments pour les microorganismes et faciliter la colonisation bactérienne (Bender *et al.,* 1999). De son côté, Hsu (2010) a démontré que l'AIA produite par le *S. scabiei* affectait la production des racines secondaires de semis de radis et, de ce fait, pouvait contribuer à la virulence de *S. scabiei.*

Par contre, Legault *et al.* (2011) ont démontré que l'ajout de tryptophane dans une solution hydroponique contenant un inoculum de *S. scabiei* inhibait la production de la toxine essentielle au pouvoir pathogène, mais augmentait la production d'AIA par l'agent pathogène. Les radis poussant dans ces conditions avaient un système racinaire plus développé que les radis poussant à l'absence de l'agent pathogène. Le rôle de l'AIA dans la pathogénèse demeure donc toujours controversé.

4.4. Les toxines comme déterminants du pouvoir pathogène de *S. scabiei*

4.4.1. Les thaxtomines

Toutes les espèces causant la gale commune de la pomme de terre produisent une famille de métabolites secondaires phytotoxiques connue sous le nom de thaxtomines. Les thaxtomines sont des dipeptides cycliques (2,5-dicétopipérazines) provenant de la condensation de deux acides aminés aromatiques, le L-phénylalanine et le L-tryptophane. Un groupement 4-nitroindole est placé sur le tryptophane (King et Calhoun, 2009). Onze membres de cette famille ont été isolés et caractérisés (Fig. 9). Ces membres se distinguent par la présence ou l'absence de résidus N-méthyl ou hydroxyles sur la structure de base. L'élimination du résidu 4-nitro, le déplacement de ce résidu aux positions 5, 6 ou 7 du noyau d'indole, le remplacement de la chaîne latérale phényle ou la conversion vers la configuration D, L au lieu de la configuration L, L ont entraîné une perte totale de phytotoxicité (King *et al.,* 1992).

La thaxtomine A est la toxine prédominante produite au site d'infection. Elle est nécessaire pour que la maladie se développe (Healy *et al.*, 2000) puisqu'elle provoque l'apparition de nécroses sur les tubercules de pomme de terre (Lawrence *et al.*, 1990). De plus, des souches mutantes, dont la voie de biosynthèse de la toxine est perturbée, deviennent non pathogènes (Healy *et al.*, 1997; Goyer *et al.*, 1998; Healy *et al.*, 2000; Kers *et al.*, 2004; Joshi *et al.*, 2007b).

La voie de biosynthèse de la thaxtomine A a été élucidée en très grande partie. Les gènes nécessaires à la biosynthèse de cette phytotoxine sont présents à un seul locus (*txt*) sur le chromosome des espèces productrices de la gale commune (Fig. 10) (Loria *et al.*, 2008). La synthèse du squelette de la thaxtomine nécessite deux peptides synthétases non ribosomales, TxtA et TxtB, pour former un groupement dicétopiperizine cyclique à partir du tryptophane et de la phénylalanine (Healy *et al.*, 2000; King et Calhoun, 2009). L'hydroxylation de la thaxtomine qui suit la cyclisation est effectuée par un cytochrome P450 monooxygénase, TxtC (Healy *et al.*, 2002; Bignell *et al.*, 2010). La nitration du groupe indole du L-tryptophane a lieu avant la formation du squelette de la thaxtomine A. L'enzyme responsable de cet événement est un oxyde nitrique synthétase bactérien, TxtD/Nos (Kers *et al.*, 2004; Johnson *et al.*, 2009) ainsi qu'éventuellement, un deuxième cytochrome P450 monooxygénase, TxtE. Le gène *txtE* semble être cotranscrit avec *nos* (Bignell *et al.*, 2010). Un cadre de lecture ouvert nommé OrfX, *txtH*, est conservé dans les agents phytopathogènes *S. scabiei*, *S. acidiscabies* et *S. turgidiscabies*. Il code pour une protéine apparentée à la superfamille MbtH (Bignell *et al.*, 2010). Les membres de cette superfamille sont de petites protéines de 70 acides aminés souvent associés aux regroupements des gènes responsables de la synthèse non ribosomique de peptides d'antibiotiques et de sidérophores, mais la fonction de ces protéines est inconnue. Ce gène *txtH* est exprimé sous les conditions induisant la production de la thaxtomine et cette expression, tout comme celle des autres gènes *txt*, est dépendante de txtR, un régulateur de transcription (Joshi *et al.*, 2007b).

La thaxtomine n'est produite *in vitro* que lorsque les bactéries pathogènes poussent en présence d'extraits végétaux (Beauséjour *et al.*, 1999). La biosynthèse de la toxine *in*

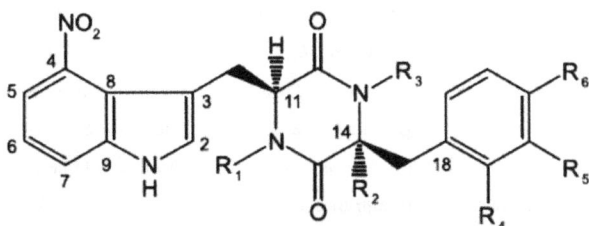

Compound	R_1	R_2	R_3	R_4	R_5	R_6
1	Me	OH	Me	H	OH	H
2	Me	OH	Me	OH	H	H
3	Me	H	H	H	H	H
4	Me	OH	Me	H	H	H
5	Me	H	Me	H	H	H
6	Me	OH	H	H	H	H
7	Me	OH	Me	H	H	OH
8	Me	OH	Me	H	OH	OH
9	Me	OH	H	H	OH	H
10	H	OH	Me	H	OH	H
11	H	H	H	H	H	H

Figure 9. Les formules structurales des thaxtomines (King et Calhoun, 2009). Le composé 1 représente la thaxtomine A.

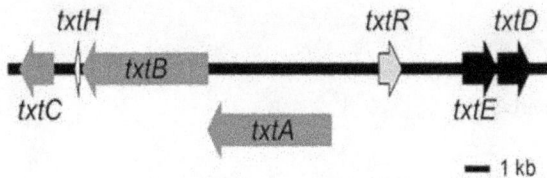

Figure 10. Organisation des gènes de la biosynthèse et de la thaxtomine chez *S. scabiei* souche 87-22 (Bignell *et al.*, 2010).

vitro se fait durant le métabolisme secondaire (Loria *et al.*, 1995; Lerat *et al.*, 2010) et est favorisée par la présence de cellobiose, un disaccharide provenant de la dégradation de la cellulose (Johnson *et al.*, 2007; Wach *et al.*, 2007). Le cellobiose est le ligand de TxtR, un régulateur de transcription positif de la famille AraC/XylS (Joshi *et al.*, 2007b). Une transcription élevée des gènes de biosynthèse de la thaxtomine (*txtA, txtB, txtD/nos* et *txtC*) ne survient toutefois que lorsque la subérine est combinée à la cellobiose (Lerat *et al.*, 2010). Alors que le cellobiose agirait comme inducteur des gènes de biosynthèse de la thaxtomine, la subérine stimulerait l'entrée en métabolisme secondaire (Lerat *et al.*, 2009 et 2012).

4.4.2. Les concanamycines

En plus des thaxtomines, le *S. scabiei* produit également un autre type de composés phytotoxiques appelé les concanamycines (Natsume *et al.*, 2005). Ce sont des plecomacrolides appartenant à la classe des antibiotiques macrolides (Natsume *et al.*, 1996). L'activité phytotoxique de la concanamycine est due à l'inhibition de certaines ATPases du système vacuolaire (Dröse *et al.*, 1993; Huss et Wieczorek, 2009). Les concanamycines sont produites par plusieurs espèces de *Streptomyces* pathogènes, comme le *S. scabiei* et le *S. acidiscabies* (Nastume *et al.*, 2001), mais aussi par des espèces non pathogènes, comme le *S. diastatochromogenes* (Kinashi *et al.*, 1984). Le rôle de ces toxines lors de l'interaction entre la plante et le *Streptomyces* pathogène est encore inconnu.

4.4.3. La coronatine

Le génome de *S. scabiei* contient un regroupement de gènes montrant une homologie avec les gènes responsables de la biosynthèse de l'acide coronafacique (CFA) de l'agent phytopathogène *Pseudomonas syringae* (Bignell *et al.*, 2010). Le CFA est la composante polycétide de la phytotoxine coronatine (COR), qui est un facteur de virulence important chez plusieurs pathovars de *P. syringae* (Bender *et al.*, 1999). Des études ont montré que la COR agit au niveau moléculaire comme les dérivés de jasmonate (Katsir *et al.*, 2008a et 2008b; Melotto *et al.*, 2008), qui sont des molécules de signalisation impliquées dans l'immunité des plantes (Katsir *et al.*, 2008a et 2008b). Les agents pathogènes qui produisent de la COR sont en mesure de supprimer les réactions de défense des plantes, ce qui entraîne un accroissement de l'infection (Bender *et al.*, 1999).

Actuellement, la contribution de ce métabolite au développement de la maladie de la gale commune de la pomme de terre n'est pas encore claire. Ce regroupement n'est pas essentiel au pouvoir pathogène puisqu'il est absent chez *S. turgidiscabies*, *S. acidiscabies* et *S. europaeiscabiei* (Bignell *et al.*, 2010).

4.5. Les enzymes hydrolytiques comme déterminants du pouvoir pathogène

Après la colonisation externe du tubercule de la pomme de terre par le réseau des hyphes de *S. scabiei*, ces derniers pénètrent l'épiderme soit en utilisant les lenticelles ou les blessures comme entrée, soit en produisant différentes enzymes pour hydrolyser les parois cellulaires de l'épiderme composé des cellules subérifiées. Les enzymes hydrolytiques sont souvent un important déterminant du pouvoir pathogène pour plusieurs agents phytopathogènes (Purdy et Kolattukudy, 1975).

L'implication des enzymes extracellulaires dans le pouvoir pathogène de *S. scabiei* sera détaillée dans la section 7 consacrée aux différents types d'enzymes dégradant les parois végétales.

5. La paroi cellulaire

La paroi cellulaire des végétaux est une structure macromoléculaire complexe qui assure la protection et la forme de la cellule végétale. Elle assure la rigidité de la cellule sans pour autant généralement empêcher l'eau et les solutés de la traverser pour atteindre le plasmalemme. Plusieurs découvertes montrent que des plantes présentant des altérations dans la composition ou la structure de la paroi en présentent aussi dans la réponse à la sécheresse et aux stress osmotiques (Chen *et al.*, 2005), la morphogenèse (Krupková *et al.*, 2007) ainsi que la résistance aux bactéries ou aux champignons pathogènes (Hernandez-Blanco *et al.*, 2007). Ainsi, la paroi doit être considérée comme un organite à part entière participant activement à la physiologie de la cellule.

La paroi cellulaire est la première barrière que les cellules végétales utilisent pour s'opposer à l'attaque des agents pathogènes. La plupart des microorganismes phytopathogènes produisent des enzymes qui sont capables de dégrader les polymères de la paroi cellulaire. Les enzymes de dégradation de la paroi cellulaire sont particulièrement importantes pour les agents phytopathogènes qui ne disposent pas de structures spécialisées aidant à la pénétration et pour les agents pathogènes nécrotrophes pendant les derniers stades du processus d'invasion. La dégradation de la paroi cellulaire ne fournit pas seulement un point d'entrée pour les agents pathogènes; elle est également ressentie par la plante comme une marque d'invasion. Ainsi, il apparaît que les enzymes de dégradation de la paroi cellulaire ont des actions divergentes : elles sont nécessaires pour la virulence; leur activité induit également des réponses de défense chez l'hôte (Walton, 1994; Cosgrove, 2000).

5.1. La paroi primaire

Les parois primaires sont composées de cellulose, d'hémicelluloses et de pectines.

La cellulose est un polymère homogène linéaire du β-glucose lié par des liens β-(1,4) (Somerville, 2006). Dans la paroi, la cellulose se trouve sous forme de microfibrilles comprenant des douzaines de chaînes du polymères, qui font de 3 à 5 nanomètres de largeur et plusieurs micromètres de longueur (Cosgrove, 2005). Le rôle principal de la cellulose est d'assurer la rigidité de la paroi végétale.

Les hémicelluloses sont un groupe de polysaccharides complexes constitués de polymères d'oses variés : pentoses, hexoses, oses méthylés. Le squelette des hémicelluloses est composé de résidus β-(1,4)-D-pyranose, où l'O-4 est en position équatoriale. Les pyranoses peuvent être du glucose, du mannose ou du xylose, et les hémicelluloses sont alors appelées respectivement xyloglucanes, mannanes ou xylanes. Les hémicelluloses sont interreliées à la cellulose, mais la présence d'embranchements de xylose et de certaines modifications de leur structure les empêchent de former des microfibrilles (Cosgrove, 2005). Les types d'hémicelluloses que l'on trouve dans les parois primaires sont les xyloglucanes et le mannane (Scheller et Ulvskov, 2010).

Les pectines sont composées d'une chaîne principale d'acides uroniques liés en 1-4. Les molécules de rhamnose s'intercalent régulièrement entre ces monomères par des liaisons 1-2 et 1-4. Il existe des ramifications au niveau des acides uroniques comme au niveau du rhamnose par d'autres molécules (ex. galactane, arabinane, etc.). Cette grande hétérogénéité fait que les pectines forment un groupe complexe et hétérogène de polysaccharides (Ridley *et al.,* 2001).

Les polysaccharides décrits précédemment s'organisent et interagissent entre eux pour former la paroi primaire. Le modèle accepté de la structure de la paroi primaire veut que les hémicelluloses forment des interactions avec les microfibrilles de cellulose, les pectines constituant un gel occupant le reste de l'espace (Cosgrove, 2000).

La zone de contact entre deux cellules végétales, donc entre deux parois primaires, s'appelle la lamelle mitoyenne. Elle est essentiellement formée de pectine (McClendon, 1964).

5.2. La paroi secondaire

Les parois secondaires sont composées de cellulose, d'hémicelluloses et généralement d'un polymère aromatique appelé lignine. Toutefois, dans le cas du périderme du tubercule de la pomme de terre, c'est de la subérine qui accompagne la matrice cellulosique. Contrairement aux parois primaires, les hémicelluloses principales des parois secondaires sont les xylanes et les glucomannanes (Zhong et Ye, 2009).

La lignine et la subérine sont les polymères présents dans les parois secondaires. La lignine est un hétéropolymère complexe, dérivé de molécules appelées monolignols, qui se trouvent exclusivement dans les parois secondaires (Vanholme *et al.,* 2010). Cependant, la présence de la subérine dans les plantes est très variable.

La subérine a été détectée dans les tissus externes et internes de tous les organes végétaux, au cours du développement des plantes. On en trouve, par exemple, dans les cellules endodermiques et hypodermiques des racines primaires (Schreiber *et al.,* 1999; Hartmann *et al.,* 2002), dans les faisceaux vasculaires des feuilles (Espelie *et al.,* 1980), dans les bandes de Caspari (Wu *et al.,* 2003), dans le tégument secondaire et les fibres du coton (Ryser *et al.,* 1983; Moire *et al.,* 1999), dans le périderme de l'écorce et des tubercules. La formation de la subérine est souvent induite par des stress environnementaux et biotiques (Franke *et al.,* 2012). Ainsi, la subérisation se produit chez les plantes au moment où ces dernières ont besoin de former une barrière efficace, après une blessure, un dommage mécanique ou microbien (Pollard *et al.,* 2008). Étant donné que cette thèse s'intéresse particulièrement à la subérine, la section 6 traitera essentiellement de la composition chimique de ce polymère.

6. La composition chimique de la subérine

La subérine est une substance cireuse dont la structure est relativement complexe et dont on ne connaît pas les fins détails. Du point de vue structural, la subérine de la pomme de

30

terre forme un réseau qui sépare la macromolécule spatialement et chimiquement en deux domaines, l'un aliphatique estérifié et l'autre, aromatique. Ces deux domaines sont liés de manière covalente (Fig. 11). La subérine est attachée à la paroi cellulaire grâce à ses deux domaines (Stark et Garbow, 1992). Le domaine aliphatique, principalement localisé entre la paroi cellulaire primaire et le plasmalemme, est estérifié avec des composés phénoliques et forme un réseau tridimensionnel lié par le glycérol. Le domaine polyaromatique, ancré dans la paroi cellulaire primaire est lié aux hydrates de carbone de la paroi cellulaire (Bernards, 2002).

La structure du domaine aliphatique de la subérine est basée sur l'analyse des produits obtenus lors de dépolymérisation, principalement par le clivage des liens esters (par exemple, par l'hydrolyse alcaline ou la méthanolyse). Les monomères de la portion aliphatique sont principalement de longues chaînes d'acides aliphatiques dicarboxyliques (16-24 atomes de carbone), d'acides gras ω-hydroxy (de 20 à 30 atomes de carbone), de très longs acides gras ($\geq$ 30 atomes de carbones), d'alcools gras et de glycérols (Fig. 12) (Bernards, 2002; Gandini *et al.*, 2006).

Bien que le profil d'α,ω-diacides, d'acides ω-hydroxy et de glycérol semble être répandu dans tous les tissus subérifiés, la composition de la subérine varie selon les espèces végétales et les tissus (Graça et Santos, 2007). La portion aliphatique de la subérine s'apparente à un autre polymère végétal, la cutine. Toutefois, contrairement à la composition chimique de la subérine, la cutine contient rarement des acides gras à longues chaînes ($\geq$ 20 atomes de carbone) et leurs dérivés (Schreiber *et al.*, 1999; Beisson *et al.*, 2012).

Les composés aromatiques obtenus après la dépolymérisation de la subérine sont un mélange d'acides hydrocinnamiques, en particulier d'acide férulique, et leurs dérivés. Certains auteurs ont comparé la fraction aromatique de la subérine à la lignine (Fig. 13) (Kolattukudy, 1980; Bernards, 2002). Bien que les deux composés, la subérine et la lignine, contiennent des monolignols, certains acides hydroxycinnamiques et leurs

31

dérivés tels que le feruloyltyramine ne se retrouvent que dans la subérine (Bernards *et al.*, 1995).

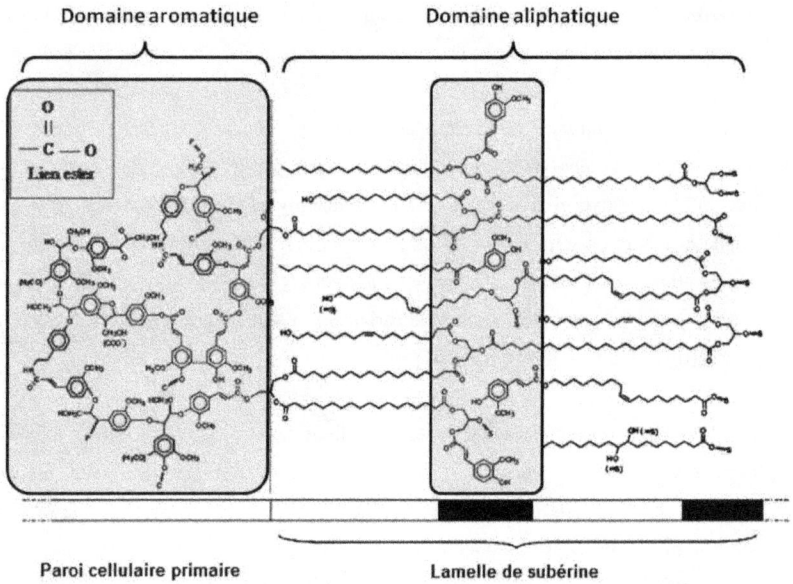

Figure 11. Modèle structural de la subérine de la pomme de terre (adaptée de Bernards, 2002). Les régions grisées présentent les portions aromatiques de la subérine.

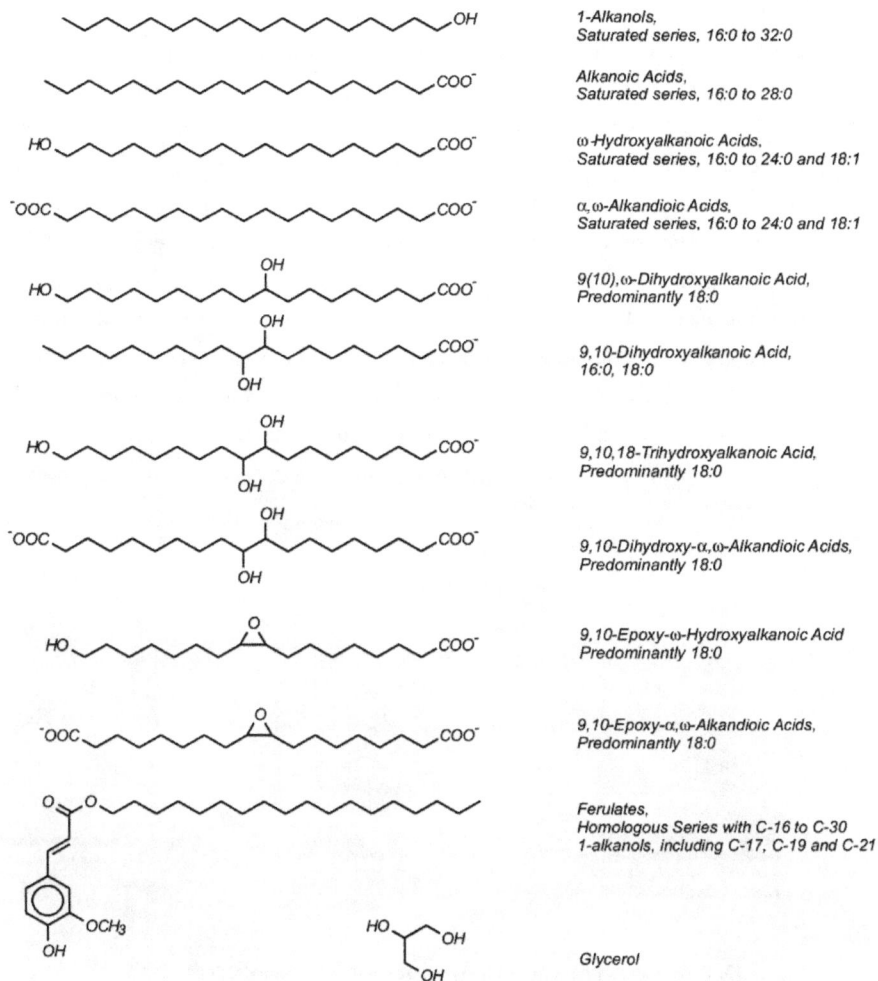

1-Alkanols,
Saturated series, 16:0 to 32:0

Alkanoic Acids,
Saturated series, 16:0 to 28:0

ω-Hydroxyalkanoic Acids,
Saturated series, 16:0 to 24:0 and 18:1

α,ω-Alkandioic Acids,
Saturated series, 16:0 to 24:0 and 18:1

9(10),ω-Dihydroxyalkanoic Acid,
Predominantly 18:0

9,10-Dihydroxyalkanoic Acid,
16:0, 18:0

9,10,18-Trihydroxyalkanoic Acid,
Predominantly 18:0

9,10-Dihydroxy-α,ω-Alkandioic Acids,
Predominantly 18:0

9,10-Epoxy-ω-Hydroxyalkanoic Acid
Predominantly 18:0

9,10-Epoxy-α,ω-Alkandioic Acids,
Predominantly 18:0

Ferulates,
Homologous Series with C-16 to C-30
1-alkanols, including C-17, C-19 and C-21

Glycerol

Figure 12. Précurseurs aliphatiques de tissus subérifiés (Bernards, 2002).

33

Chez le tubercule de la pomme de terre, la subérine se trouve au niveau du phellème (la couche externe du périderme), comme s'il s'agissait d'un développement secondaire (Sabba et Lulai, 2002), et elle occupe plus que 30 % (w/w) du périderme (Gandini *et al.*, 2006). La subérine du périderme de la pomme de terre contient des quantités très élevées des monomères insaturés, principalement d'octadec-9-énoïque-1,18-diacide, et de faibles quantités des monomères polaires hydroxylés (Holloway, 1983). Graça et Pereira (2000) ont rapporté que la subérine de pomme de terre contient environ 20 % de glycérol et moins de 1 % de composés phénoliques contenant des liens esters, y compris l'acide férulique et l'alcool coniférylique. La différence majeure entre le périderme de la pomme de terre et celui d'autres tissus végétaux subérifiés, comme les parois cellulaires endodermique et hypodermique des racines, est la présence d'une fraction importante de cires aliphatiques adsorbées sur la subérine de la pomme de terre, alors que cette fraction est manquante dans les autres tissus végétaux subérifiés (Schreiber *et al.*, 1999; Zeier *et al.*, 1999).

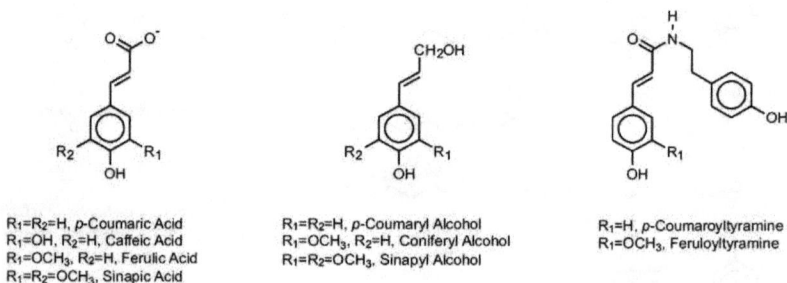

R₁=R₂=H, *p*-Coumaric Acid
R₁=OH, R₂=H, Caffeic Acid
R₁=OCH₃, R₂=H, Ferulic Acid
R₁=R₂=OCH₃, Sinapic Acid

R₁=R₂=H, *p*-Coumaryl Alcohol
R₁=OCH₃, R₂=H, Coniferyl Alcohol
R₁=R₂=OCH₃, Sinapyl Alcohol

R₁=H, *p*-Coumaroyltyramine
R₁=OCH₃, Feruloyltyramine

Figure 13. Précurseurs phénoliques de tissus subérifiés (Bernards, 2002).

7. Biodégradation de la paroi végétale

Les composants phénoliques de la paroi cellulaire végétale (lignine et subérine) sont récalcitrants à la dégradation, alors que la cellulose, les hémicelluloses et les pectines le sont beaucoup moins (Williamson *et al.*, 1998). Toutefois, les polysaccharides végétaux ont des structures complexes, organisées de manière à résister aux attaques enzymatiques. L'attachement latéral aux chaînes principales des polysaccharides est un exemple de cette protection. Ce type d'attachement limite l'accès des enzymes aux chaînes principales des polysaccharides.

Malgré tout, les microorganismes, notamment les organismes phytopathogènes, sont capables de produire une large gamme d'hydrolases, appelées « enzymes accessoires », pour éliminer les chaînes latérales. Cela permet aux autres enzymes hydrolytiques d'accéder aux chaînes principales de polysaccharides pour les dégrader. Grâce à ces outils enzymatiques, même les parois végétales les plus résistantes peuvent être hydrolysées (Williamson *et al.*, 1998).

7.1. Les enzymes de dégradation de la cellulose

Les cellulases microbiennes ont été classées en plus de 60 familles selon leur structure, leur spécificité de substrat et leur mode d'action. Trois familles de cellulase sont principalement impliquées dans la dégradation de la cellulose : les endoglucanases, les exoglucanases ou cellobiohydrolases et les cellobiases (Klemm *et al.*, 2005). Cependant, certaines cellulases possèdent deux types d'activités (Henrissat et Davies *et al.*, 1997); ce sont des endo- et exo-glucanases. Les endoglucanases [endo-β-1,4-glucanases (E.C. 3.2.1.4)] sont des enzymes qui hydrolysent les liaisons internes de la chaîne cellulosique. L'attaque se fait au hasard et entraîne une libération de sucres réducteurs. Par contre, les exoglucanases [cellobiohydrolases (E.C. 3.2.1.91)] attaquent la chaîne de cellulose par les extrémités non réductrices et libèrent exclusivement le dimère de cellobiose. Les cellobiases attaquent la liaison β-glucosidique du cellobiose et libèrent deux molécules de

35

glucose. Les endoglucanases créent par leur action de nouveaux sites de reconnaissance pour les cellobiohydrolases, ce qui explique la synergie entre ces enzymes (Onsori *et al.*, 2004).

Une grande variété d'actinomycètes sont connus en tant que producteurs de cellulases, en particulier les espèces thermophiles et les streptomycètes (Sanglier *et al.*, 1993; Mason *et al.*, 2001; Chellapandi et Jani, 2008). Même s'il a été rapporté que le *S. scabiei* ne dégradait pas la cellulose *in vitro* (Johnson *et al.*, 2007), le génome séquencé de *S. scabiei* souche 87-22 comprend plusieurs gènes codant pour de potentielles cellulases, comme SCAB_36371, SCAB_86471 et SCAB_90061. Néanmoins, l'implication de ces gènes dans l'interaction entre l'agent pathogène et la plante demeure inconnue.

7.2. Les enzymes de dégradation des hémicelluloses

La dégradation enzymatique des hémicelluloses nécessite l'intervention de différentes hydrolases en raison de la structure complexe de ces composés. Leur hydrolyse a lieu à la suite de l'endoaction d'enzymes libérant de petits fragments d'oligosaccharides substitués. Ces derniers sont ensuite dégradés par les enzymes clivant les chaînes latérales et les exoenzymes. Cependant, les chaînes latérales peuvent être coupées avant la dégradation de la chaîne principale, libérant ainsi des monomères de sucre qui peuvent être utilisés par les microorganismes comme source de carbone. Parmi les principales hémicellulases, nous pouvons citer les endo-1,4-β-D-xylanases (E.C. 3.2.1.8) et les endo-1,4-β-D-mannanases (E.C. 3.2.1.78). Les xylanases sont probablement les hémicellulases les plus étudiées, surtout chez les champignons.

L'hydrolyse enzymatique du xylane en xylose est catalysée par les xylanases et les β-xylosidases (E.C. 3.2.1.37). Les premières dégradent, d'une manière aléatoire, le xylane en oligomères, qui sont ensuite hydrolysés par les β-xylosidases en xylose. En revanche, les groupements des chaînes latérales sont libérés par d'autres enzymes telles que l'α-Larabinofuranosidases, l'α-D-glucuronidase, l'α-galactosidase et l'acétylxylane estérase (Subramaniyan et Prema, 2002).

La dégradation complète du glucomannane, une autre hémicellulose, exige également l'action de plusieurs enzymes. La mannanase (E.C. 3.2.1.78) hydrolyse aléatoirement les liaisons 1,4-β-D-mannopyranosyles des chaînes du glucomannane et du galactoglucomannane en libérant des oligomères qui sont ensuite dégradés par d'autres enzymes telles que la β-mannosidase (E.C. 3.2.1.25) et la β-glucosidase (E.C. 3.2.1.21).

Les xylanases ont été isolées d'un gamme de microorganismes, y compris de champignons et d'eubactéries, dont des actinobactéries. Chez les actinobactéries, elles sont élaborées par des espèces thermophiles du genre *Streptomyces* et des souches du genre *Promicromonospora*, ainsi que par différentes espèces de *Microbispora*. La plupart des souches d'actinomycètes sécrètent des xylanases fortement actives et libres d'activité cellulasique. Le génome séquencé de *S. scabiei* souche 87-22 possède des gènes codant pour des enzymes ayant la double fonction de cellulase/xylanase, comme SCAB_36371, SCAB_37051 et d'autres gènes ayant comme substrat spécifique le xylane, comme SCAB_79251. La présence de ces deux familles de xylanases pourrait améliorer l'utilisation du xylane durant les différentes étapes de l'infection. L'implication de ces gènes dans l'interaction entre l'agent pathogène et la plante demeure toutefois inconnue.

7.3. Les enzymes de dégradation des pectines

Les pectinases forment une catégorie d'enzymes regroupant les polygalacturonases (E.C. 3.2.1.15 et E.C. 3.2.1.67), les pectine lyases (E.C. 4.2.2.10) et les pectate lyases (E.C. 4.2.2.2)], qui coupent les liaisons glycosidiques des résidus d'acide galacturonique dans les matériaux pectiques. D'autres enzymes, telles que les rhamnogalacturonane hydrolases et les rhamnogalacturonane lyases, sont impliquées dans la dégradation des régions ramifiées des pectines.

37

Les enzymes pectinolytiques sont largement trouvées dans les microorganismes. La production des pectinases a été signalée dans les bactéries, y compris les actinomycètes (Cao *et al.,* 1992; Brühlmann *et al.,* 1994; Beg *et al.,* 2000). La production d'enzymes pectolytiques est élaborée par différents genres d'actinomycètes tels que *Micromonospora*, *Microbispora*, *Actinoplanes*, *Streptosporangium* et *Streptomyces* (Sanglier *et al.,* 1993). La plupart des souches de *Streptomyces* phytopathogènes produisent des enzymes pectinolytiques à un niveau élevé. La capacité de produire la pectinase et la cellulase n'était pas corrélée à la pathogénicité de la bactérie.(Spooner et Hammerschmidt, 1989).

7.4. La dégradation de la cutine et de la subérine

Des enzymes spécifiques hydrolysant les biopolyesters, appelées cutinases, ont été trouvées chez des microorganismes comme les bactéries et les champignons (Purdy et Kolattukudy, 1975; Kolattukudy, 1980; Fett *et al.,* 1992a, b; Kolattukudy, 2001; Chen *et al.,* 2008 et 2010; Kontkanen *et al.,* 2009). Les cutinases sont impliquées dans les attaques microbiennes en aidant à la rupture des barrières cuticulaires des plantes-hôtes durant l'infection. Le site actif de la cutinase contient des résidus sérine, aspartate et histidine, ce qui forme une triade catalytique dans un arrangement similaire à celui des sérines estérases et de plusieurs lipases (Kolattukudy, 2001). En plus de la cutine, les cutinases sont parfois capables de dégrader la subérine et une grande variété de polyesters synthétiques et de triacylglycérols (Chen *et al.,* 2008). La caractérisation biochimique des cutinases bactériennes et fongiques a indiqué une spécificité de substrat et des propriétés catalytiques semblables, mais la thermostabilité, la tolérance aux détergents et aux solvants organiques ainsi que l'intervalle de pH optimal de ces enzymes sont variables (Chen *et al.,* 2008 et 2010).

La première cutinase fongique a été purifiée à partir du *Fusarium solani* f.sp. *pisi* (Purdy et Kolattukudy, 1975) et dernièrement, Kontkanen *et al.,* (2009) ont purifié et caractérisé une cutinase de *Coprinus cinerea*, nommée CcCUT1, qui était capable de dépolymériser la cutine de la pomme et la subérine de la pomme de terre.

Fett *et al.,* (1992 a,b) ont criblé un grande nombre de bactéries non filamenteuses (232 souches) et filamenteuses (45 souches) pour leur activité cutinolytique en utilisant la cutine de la pomme et celle de la tomate comme substrats. Quelques rares bactéries (trois souches de *Pseudomonas aeruginosa* et quatre souches filamenteuses, *S. acidiscabies* ATCC 49003, *S."scabies"* ATCC 15485 et IMRU 3018, *S. badius* ATCC 1988) avaient une activité cutinase démontrant que l'activité cutinolytique n'est pas très répandue chez les bactéries.

La subérine est un composé très récalcitrant à la dégradation microbienne. La dégradation de la subérine implique probablement une gamme d'enzymes, y compris des estérases. Jusqu'à présent, peu de microorganismes sont connus comme étant capables de produire des enzymes qui dégradent la subérine. On connait surtout des agents fongiques appartenant aux genres *Aspergillus* (García-Lepe *et al.*, 1997) et *Fusarium* (Fernando *et al.*, 1984), ainsi que *Armillaria mellea* (Zimmerman et Seemüller, 1984), *Rosellinia desmazieresii* (Ofong et Pearce, 1994), *Rigidoporus lignosus*, *Phellinus noxius* (Nicole *et al.*, 1986) et *Coprinopsis cinerea* (Kontkanen *et al.*, 2009).

Certains auteurs ont suggéré que les streptomycètes, dont le *S. scabiei*, pouvaient aussi être impliqués dans la biodégradation de la subérine (McQueen et Schottel, 1987; Beauséjour *et al.*, 1999). L'équipe de Schottel fut la première à émettre l'hypothèse qu'une estérase extracellulaire produite par l'agent pathogène *S. scabiei* pouvait être impliquée dans la dégradation de la subérine (Babcock *et al.*, 1993). En effet, ce groupe a isolé, caractérisé et séquencé une estérase produite en présence de subérine (McQueen et Schottel, 1987; Raymer *et al.*, 1990). Cette enzyme avait déjà été pressentie comme facteur de virulence, pouvant-être régulé par la disponibilité du zinc (McQueen et Schottel, 1987). Toutefois, sa contribution au pouvoir pathogène n'a pas été démontrée.

Bien que la dégradation de la subérine par le *S. scabiei* n'ait pas été formellement démontrée, il est clair que la présence de ce composé affecte le métabolisme et la morphologie de la bactérie. La présence du polymère dans le milieu de culture de la bactérie induit non seulement la production de thaxtomine A, mais elle active aussi la production d'hyphes aériens, cause l'épaississement de la paroi cellulaire bactérienne, la résistance à la lyse mécanique et modifie la composition d'acides gras de la membrane bactérienne. Ce phénomène se traduit par une fluidité membranaire accrue (Lerat *et al.*, 2012).

Une étude protéomique faite sur les protéines intracellulaires solubles a démontré que la présence de subérine dans le milieu de croissance de *S. scabiei* souche EF-35 se traduisait par une surproduction de protéines impliquées dans la voie de la glycolyse et l'acquisition de source de carbone, de protéines reliées au stress et au métabolisme secondaire (Lauzier *et al.*, 2008).

Ces travaux de thèse s'inscrivent dans le cadre des travaux de recherche du laboratoire de la D^{re} Carole Beaulieu, qui s'intéresse principalement aux interactions entre le *Streptomyces scabiei* et sa plante hôte, la pomme de terre *Solanum tuberosum*. En effet, le couple *S. scabiei* - *S. tuberosum* présente un intérêt pour comprendre les possibles mécanismes enzymatiques liés à la pénétration de l'épiderme de la pomme de terre enrichie de subérine par l'agent pathogène bactérien.

L'objectif global de ce projet de recherche réside dans l'identification des gènes et des protéines de *S. scabiei* pouvant être impliqués dans la dégradation de la subérine. Pour ce faire, deux approches ont été utilisées, notamment une approche bio-informatique et transcriptomique et une approche protéomique.

La première approche du projet était très ciblée et consistait à identifier des gènes de *S. scabiei* codant pour de possibles subérinases. La séquence du génome de *S. scabiei* souche 87-22 a donc été analysée pour rechercher des gènes présentant une homologie avec un gène fongique codant pour une estérase extracellulaire avec une activité cutinase/subérinase provenant de *C. cinerea* (Kontkanen *et al*., 2009) ou avec un gène codant pour une estérase produite en présence de subérine par une autre souche *S. scabiei* (McQueen et Schottel, 1987).

La deuxième approche était plus globale et visait à identifier les protéines du sécrétome de *S. scabiei* obtenues dans des milieux de croissance supplémentés avec de la subérine. L'approche protéomique avait pour but d'identifier des protéines pouvant être non seulement impliquées dans la dégradation du polymère, mais également utiles à l'adaptation de l'agent pathogène à ce substrat particulier.

CHAPITRE I

**Détection de gènes codant pour des subérinases dans
des souches de *Streptomyces scabiei* et d'autres souches d'actinobactéries.**

1.0. Préambule.

L'agent phytopathogène *Streptomyces scabiei* provoque la maladie de la gale commune
de la pomme de terre. C'est une importante maladie du tubercule qui cause des pertes
économiques importantes. Précédemment, certains chercheurs ont suggéré que la
pénétration de *S. scabiei* dans le tissu de son hôte est facilitée par la sécrétion d'enzymes
ayant une activité estérasique et que ces enzymes peuvent dégrader la subérine. La
subérine est un biopolymère lipidique du périderme du tubercule de la pomme de terre.
Dans un milieu de culture supplémenté par la subérine, le *S. scabiei* souche EF-35 a
montré une activité estérasique élevée. Cette souche a également montré une activité
estérasique en présence d'autres biopolymères, tels que la lignine, la cutine ou le xylane
mais à un niveau beaucoup plus faible. Dans une tentative pour identifier les estérases
sécrétés en présence de la subérine, la présence de séquences correspondant à des gènes
d'estérases extracellulaires de la bactérie *S. scabiei* souche FL1 (McQueen et Schottel,
1987) et du champignon *Coprinopsis cinerea* souche VTTD-041011 (Kontkanen *et al.,*
2009) qui sont connues pour être transcrits en présence de la subérine, a été recherchée
dans le génome séquencé de *S. scabiei* souche 87-22. Deux gènes d'estérases
extracellulaires putatifs, , *estA* et *sub1,* ont été identifiés. La présence de ces deux gènes
dans différentes actinobactéries a été déterminée par Southern blot. En outre, une RT-
PCR réalisée avec le *S. scabiei* souche EF-35 a montré que le gène *estA* est exprimé en
présence de différents polymères, y compris la subérine, alors que le gène *sub1* semble
être spécifiquement exprimé en présence de la subérine et de la cutine.

Les résultats des ces travaux sont présentés à la section 1.1 de ce chapitre. C'est un article
écrit par D. Komeil, A.-M Simao-Beaunoir et C. Beaulieu et qui s'intitule: « **Detection of**

potential suberinase-encoding genes in *Streptomyces scabiei* strains and other actinobacteria ».

La contribution de chaque auteur dans cet article est comme suit : J'ai effectué toutes les recherches présentées dans cet article et les analyses bioinformatiques et statistiques. J'ai préparé le manuscrit, les figures et les tableaux pour la publication. Ensemble avec la D^{re} Simao-Beaunoir et la D^{re} Beaulieu, j'ai analysé les résultats présentés dans cet article. Cette recherche a été réalisée sous la supervision de la D^{re} Simao-Beaunoir et la D^{re} Beaulieu.

Detection of potential suberinase-encoding genes in *Streptomyces scabiei* strains and other actinobacteria

Doaa Komeil[1,2], Anne-Marie Simao-Beaunoir[1] and Carole Beaulieu[1]

[1]Centre SÈVE, Département de biologie, Faculté des sciences, Université de Sherbrooke, Québec, Canada, J1K 2R1.

[2]Department of Plant Pathology, Faculty of Agriculture, University of Alexandria, Egypt.

Doaa.Komeil@USherbrooke.ca

Anne-Marie.Simao@USherbrooke.ca

Carole.Beaulieu@USherbrooke.ca

Corresponding author:

Dr. Carole Beaulieu

Centre SÈVE, Département de biologie,

Université de Sherbrooke,

Sherbrooke, Québec, Canada, J1K 2R1.

Phone: 819-821-8000 ext. 62997

Fax: 819-821-8049

E-mail: Carole.Beaulieu@USherbrooke.ca

Abstract

Streptomyces scabiei causes common scab, an economically important disease of potato tubers. Some authors have previously suggested that *S. scabiei* penetration into host plant tissue is facilitated by secretion of esterase enzymes degrading suberin, a lipidic biopolymer of the potato periderm. In the present study, *S. scabiei* EF-35 showed high esterase activity in suberin-containing media. This strain also exhibited esterase activity in the presence of other biopolymers, such as lignin, cutin or xylan but at a much lower level. In an attempt to identify esterases involved in suberin degradation, translated ORFs of *S. scabiei* 87-22 were searched for the presence of protein sequences corresponding to extracellular esterases of *S. scabiei* FL1 and of the fungus *Coprinopsis cinerea* VTT D-041011, that were shown to be produced in the presence of suberin. Two putative extracellular suberinase genes, *estA* and *sub1*, were identified. The presence of these genes in several actinobacteria was investigated by Southern blot hybridization and both genes were found in most common scab-inducing strains. Moreover, RT-PCR performed with *S. scabiei* EF-35 showed that *estA* was expressed in the presence of various biopolymers, including suberin, whereas the *sub1* gene appeared to be specifically expressed in the presence of suberin and cutin.

Key words: cutinase, periderm, *Streptomyces scabies*

Résumé

Streptomyces scabiei provoque la gale commune, une maladie importante des tubercules de pommes de terre. Certains auteurs ont suggéré précédemment que la pénétration de *S. scabiei* dans les tissus de la plante hôte est facilitée par la sécrétion d'estérases dégradant la subérine, un biopolymère lipidique du périderme de la pomme de terre. Dans la présente étude, la souche *S. scabiei* EF-35 a montré une activité estérasique élevée dans des milieux contenant de la subérine. Cette souche a aussi montré une activité estérasique en présence d'autres biopolymères, tels que la lignine, la cutine ou le xylane mais à des niveaux beaucoup plus faibles. Pour identifier des estérases impliquées dans la dégradation de la subérine, la présence de séquences de protéines correspondant aux estérases extracellulaires de la bactérie *S. scabiei* FL1 et du champignon *Coprinopsis cinerea* VTT D-041011, qui sont connues pour être produites en présence de la subérine, a été recherchée dans le génome traduit de la souche *S. scabiei* 87-22. Deux gènes codant potentiellement pour des suberinase extracellulaires, *estA* et *sub1*, ont été identifiés. La présence de ces gènes dans plusieurs actinobactéries a été déterminée par hybridation Southern blot et les deux gènes étaient présents dans la plupart des souches induisant la gale commune. En outre, des RT-PCR réalisées sur *S. scabiei* EF-35 ont montré que *estA* est exprimé en présence de plusieurs biopolymères dont la subérine, tandis que le gène *sub1* semble être spécifiquement exprimé en présence de subérine et de cutine.

Mots-clé : cutinase, périderme, *Streptomyces scabies*

Introduction

In Canada, *Streptomyces scabiei* is the main causal agent of common scab of potato (Hill and Lazarovits 2005). Root crops, such as beet, carrot, radish and parsnip are also susceptible to this disease (Goyer and Beaulieu 1997). *S. scabiei* is also known to cause pod wart on peanut (de Klerk et al. 1997). Other streptomycetes including *Streptomyces acidiscabies* (Lambert and Loria 1989*b*), *Streptomyces turgidiscabies* (Miyajima et al. 1998) and *Streptomyces bottropensis* (St-Onge et al. 2008) can also induce common scab symptoms on potato tubers.

The successful infection of an immature expanding tuber by *S. scabiei* involves the penetration of plant tissue through lenticels or wounds (Loria et al. 2006) or through direct penetration (Loria et al., 2003), which may be facilitated by secretion of enzymes that degrade the tuber periderm (McQueen and Schottel 1987; Beauséjour et al. 1999).

Suberin is an insoluble lipidic biopolymer representing the major constituent of potato periderm (Franke and Schreiber 2007; Graça and Santos 2007). Suberin consists of both a polyaliphatic (cutin-like) and a polyaromatic (lignin-like) domains (Kolattukudy 1985; Bernards 2002). Models of suberin structure postulate that the aliphatic component is esterified to the aromatic component (Kolattukudy 1980; Bernards 2002). Approximately 25% of the suberin structure can be depolymerized by ester cleavage reactions (Graça and Pereira 2000).

Some phytopathogenic fungi, belonging to diverse genera, were reported to produce enzymes that can hydrolyse ester bonds in suberin and play an important role in the penetration of the intact plant surface (Fernando et al. 1984; Zimmerman and Seemüller 1984; Gao and Chamuris 1993; Ofong and Pearce 1994; García-Lepe et al. 1997; Kontkanen et al. 2009). Kontkanen et al. (2009) purified from *Coprinopsis cinerea* VTT D-041011 an enzyme (CcCUT1) that was able to depolymerize apple cutin as well as birch bark suberin.

47

While it has been clearly demonstrated that toxins called thaxtomins play an essential role in *S. scabiei* pathogenicity (King et al. 1991), the involvement of extracellular enzymes in pathogenesis is still speculative (Faucher et al. 1995; Goyer et al. 1996). Esterase activity has been associated with culture extracts of pathogenic strains of *S. scabiei* grown in the presence of suberin (McQueen and Schottel 1987; Beauséjour et al. 1999). McQueen and Schottel (1987) purified the EstA protein from *S. scabiei* FL1 and its crystal structure has been solved (Green et al. 1992).

The aim of this study is to detect the presence of genes encoding enzymes with putative suberinase activity in the genomes of diverse *S. scabiei* strains and other actinobacteria. Two potential suberinase genes, *estA* (SCAB_3021) and *sub1* (SCAB_78931), were identified in the genome of *S. scabiei* 87-22 and were present in most common scab inducing strains. The level of expression of these two potential suberinase genes was determined in *S. scabiei* EF-35 grown in the presence of various carbon sources. The expression of both genes was increased in the presence of suberin but *sub1* was only expressed in the presence of suberin and cutin.

Materials and methods

Bacterial strains and culture conditions. Strains used in this study are listed in Table 1.1. The mycelium of *Frankia alni* was conserved in a 40 % *(v/v)* glycerol solution at -80 °C. Spores of all other strains were conserved in a 20 % *(v/v)* glycerol solution at -20 °C. *Streptomyces bottropensis* LE-3A, *Streptomyces acidiscabies* ATCC 49003 and all *Streptomyces scabiei* strains with exception of CG1 and Lip-17 strains, were isolated from common scab lesions on potato tubers. These latter strains were isolated from radish and peanut, respectively.

Bacterial strains, except *Frankia alni*, were grown in trypticase soy broth (TSB, Difco Laboratories) or in minimal medium (MM) consisting of a mineral solution (0.

Table 1.1. Actinobacteria isolates used in this study and related 16S rRNA gene accession numbers

Bacterial strain	Geographical origin	16S rRNA gene GenBank acc. number (reference)	Nearest GenBank neighbor for new 16S rRNA gene sequence obtained in this study (identities)	Reference
Pathogenic actinobacteria				
Streptomyces scabiei strains				
EF-35	Canada	AF112154 (direct submission)		Faucher et al. 1992
87-22	USA	AB026202 (direct submission)		Bukhalid et al. 1998
ATCC 49173	USA	NR_025865 (Takeuchi et al. 1996)		Lambert and Loria 1989*a*
Lip-17	Israel	KC329474 (this study)	*S. scabiei* 87-22 (1479/1479)	This study
CFBP 4518	France	KC329475 this study)	*S. scabiei* 87-22 (1479/1479)	Bouchek-Mechiche et al. 2000
CG1	Canada	KC329476 (this study)	*S. scabiei* LQH-4 (1478/1479)	Beauséjour et al. 1999
Warba-6	Canada	KC329477 (this study)	*S. scabiei* LQH-4 (1479/1479)	Goyer 2005
CG11	Canada	KC329478 (this study)	*S. scabiei* 87-22 (1479/1479)	Lauzier et al. 2002
88-01-07	USA	KC329479 (this study)	*S. scabiei* 87-22 (1479/1479)	This study
Streptomyces acidiscabies ATCC 49003	USA	D63865 (Takeuchi et al. 1996)		Lambert and Loria 1989*b*
Streptomyces bottropensis LE-3A	Egypt	AF397893 (direct submission)		Goyer 2005

Table 1.1. Actinobacteria isolates used in this study and related 16S rRNA gene accession numbers *(continued...)*

Bacterial strain	Geographical origin	16S rRNA gene GenBank acc. number (reference)	Nearest GenBank neighbor for new 16S rRNA gene sequence obtained in this study (identities)	Reference
Non-pathogenic actinobacteria				
Frankia alni ACN14a	Canada	CT573213 - chromosome, complete sequence		Normand and Lalonde 1982
Streptomyces diastatochromogenes ATCC 12309	Japan	D63867 (Takeuchi et al. 1996)		Shirling and Gottlieb 1972
Streptomyces thermocarboxydus EF-2	Canada	AF112165 (Doumbou et al. 2001)		Faucher et al. 1992
Streptomyces melanosporofaciens EF-76	Canada	AF112173 (Doumbou et al. 2001)		Faucher et al. 1992
Streptomyces coelicolor A3(2) M145	UK	Y00411 (van Wezel et al. 1991)		Bibb et al. 1977
JJY4	Cameroon	KC329480 (this study)	*S. samsunensis* M1463 (1452/1455)	This study
OPM-8	Canada	KC329481 (this study)	*S. flavogriseus* ATCC 33331 (1479/1479)	This study
R97-2	Canada	KC329482 (this study)	*S. brunneogriseus* NBRC 13824 (1477/1478)	This study

$(NH_4)_2SO_4$, 0.5 g/L K_2HPO_4, 0.2 g/L $MgSO_4.7H_2O$, and 10 mg/L $FeSO_4.7H_2O$) supplemented with one of the following carbon sources: suberin, cutin, xylan (Sigma-Aldrich), lignin (Sigma-Aldrich), starch, glucose or mannitol. In some experiments, MM was supplemented with both suberin and starch. Unless otherwise specified, all carbon sources were used at a concentration of 0.2 %. Suberin and cutin were obtained from potato tubers and apple fruits, according to Kolattukudy and Agrawal (1974) and Gérard et al. (1993), respectively. All culture media were adjusted to pH 7.0.

Inocula for the bacterial cultures, except for *F. alni*, were prepared as follows: TSB (25 mL) was inoculated with spores (10^8) and incubated at 30 °C with shaking (250°r / min) for 48 h. *F. alni* was cultivated according to Bélanger et al. (2011). The culture was then centrifuged and the pellet washed twice with saline (0.85 % NaCl). This suspension was centrifuged again, the pellet volume was estimated and the cells were resuspended in two volumes of fresh MM. From this final suspension, 250 µL was used to inoculate 100 mL of culture medium. All cultures were incubated with shaking (250°r / min) at 30 °C.

Esterase activity. Esterase activity was measured spectrophotometrically (Ultrospec 3000-Biochrom) using p-nitrophenyl butyrate (PNPB, Sigma-Aldrich) as a substrate. This assay was performed as described by McQueen and Schottel (1987) with modifications. Culture supernatant (300 µL) of *S. scabiei* EF-35 grown in the presence of various carbon sources was mixed with 690 µL of 20 mM TRIS buffer, pH 7.5 and 10 µL of a 0.4 mM PNPB solution. The mixture was incubated at 40 °C for 45 min. The increase in the absorbance at 420 nm was read against a blank without culture supernatant. One milliunit (µmol/min/mL) was the amount of enzyme liberating 1 µmol of p-nitrophenol per min under the assay conditions.

Data mining and phylogenetic analysis. The translated genome of *S. scabiei* 87-22 (Sanger Institute http://www. sanger.ac.uk/Projects/S_scabies/) was searched for amino acid sequences exhibiting similarity with the esterase A (NCBI accession number 1ESC_A) produced by *S. scabiei* FL1 in the presence of suberin (McQueen and Schottel

51

1987) or with CcCUT1 (NCBI accession number ACB87561), an extracellular enzyme of the fungus *Coprinopsis cinerea* VTT D-041011 that depolymerizes apple cutin and birch outer bark suberin (Kontkanen et al. 2009). The corresponding protein sequences of *S. scabiei* 87-22, (thereafter called EstA and Sub1, respectively) were then analyzed by Blast analysis (http://blast.ncbi.nlm.nih.gov/Blast.cgi) against the NCBI protein database. Dendrograms for the phylogenic analysis of EstA and Sub1 proteins were generated with the software package MEGA version 4 using the neighbor-joining algorithm. SignalP server was used to predict putative signal peptides indicative of secretion using Markov models of prediction applied to Gram-positive bacteria (http://www.cbs.dtu.dk/services/SignalP/) (Bendtsen et al. 2004).

PCR amplification. Chromosomal DNA of bacterial strains listed in Table 1.1 was isolated from a 48 h-old TSB culture using the salting out method (Kieser et al. 2000), except for *Frankia alni* DNA that was extracted according to Bernèche-D'Amours et al. (2011). The coding sequences of *estA*, *sub1*, the gene encoding thaxtomin synthetase A (*txtA*) and the 16S rRNA gene were PCR-amplified using the primers listed in Table 1.2. PCR reactions were performed using 20 ng of template DNA in a final volume of 50 μL. Easy-A® High-Fidelity polymerase (Stratagene) was used as polymerase in PCRs where the resulting amplicons were intended for sequencing. Amplification was carried out in a Thermo cycler T-Personal (Biometra) using PCR conditions of 95 °C for 5 min followed by 35 cycles at 95°C for 30 s, appropriate annealing temperature for 30 s and 72 °C for 60 s. Amplification products were separated on a 1 % agarose gel in Tris-acetic acid-disodium EDTA (TAE) buffer and visualized by ethidium bromide staining (Sambrook and Russell 2001) to verify the size and presence of the expected fragments. Amplicons corresponding to the *estA* and *sub1* genes of *S. scabiei* EF-35 and to the 16S rRNA genes of bacterial strains listed in Table 1.1 were further purified using a Clean-up kit (GE Healthcare) according to the manufacturer's specifications and subsequently cloned into pCR2.1 (Invitrogen). Sequencing of the inserted amplicons was carried out in both directions were sequenced by Genome Quebec Innovation Centre (Montreal, Canada).

Table 1.2. Primers used in this study.

Gene function	Gene name	Primer sets
PCR gene amplification and probe synthesis		
Putative esterase gene (*estA*)	SCAB_3021	ATGCGTTCGACGTCTAGGGG TCAGTGGTCGAGGAGGGC
Putative suberinase gene (*sub1*)	SCAB_78931	ATGCGTATCCGCTTGTAC TCAGATCTTGGTCGCGGCCTC
16S ribosomal RNA (*rrn6_16S*)	SCAB_r16	ATGGARAGYTTGATCCTGGCTCA AAGGAGGGGATCCAGCCGCA
Thaxtomin synthetase A (*txtA*)	SCAB_31791	GTGTCGCACCTGACCGGTGAAGA TCGGCCAGCGGATCGCTCAT
RT-PCR and real-time RT-PCR		
Putative esterase gene (*estA*)	SCAB_3021	TGACCAGCATCTGGATGTACTCGT CATGCTCTTCAAGTGCCTCGAACT
Putative suberinase gene (*sub1*)	SCAB_78931	ATAACCGACGAGAACGAAACGCTG CACTGTCCAGCTACAAGGTGAACT
Gyrase A as a reference (*gyrA*)	SCAB_45751	GGACATCCAGACGCAGTACA CTCGGTGTTGAGCTTCTCCT

Reverse transcription PCR (RT-PCR) and reverse transcription real-time quantitative PCR (RT-qPCR). RNA was extracted from *S. scabiei* EF-35 cultures grown in the presence of different carbon sources. Culture samples (10 mL) were mixed with 2 mL of stop solution (ethanol:acidic phenol, 19:1) to prevent RNA degradation (Joshi et al. 2007b). The solution was centrifuged at 4°C for 10 min at 3450*g* and the resulting cell pellet was stored at -80 °C until further use. RNA was extracted using the RNeasy Mini kit (Qiagen) according to Lerat et al. (2010). cDNA was generated from the extracted RNA using the First strand cDNA Synthesis Kit (GE Healthcare) according to the manufacturer's instructions using 72 % G + C rich random hexamers (Lerat et al. 2010). cDNA was diluted (1:10) with distilled water to be used as template in PCR

53

reactions (regular and quantitative). Data from each gene were normalized against the *gyrA* gene used as internal control for relative quantification (Joshi et al. 2007b).

RT-PCR was used to evaluate the effect of different carbon sources (suberin, cutin, lignin, xylan, mannitol and glucose) on *estA* and *sub1* gene expression. The PCR mix contained 3 µL of cDNA, 1 U of Taq polymerase, 2.5 µL of 10x Taq polymerase buffer, 0.5 µL of 20 mM of dNTPs solution, 1.25 µL of 5 µM of each of forward and reverse primers (Table 1.2) in a total volume of 25 µL. The PCR program consisted of 30 cycles of 30 s at 97 °C, 1 min at 55 °C followed by 10 s at 72 °C. Amplification products were loaded on a 2 % agarose gel in sodium borate buffer (Brody and Kern 2004).

The relative expression levels of *estA* and *sub1* in *S. scabiei* EF-35, grown in suberin-starch medium vs. starch medium, were determined by reverse transcription quantitative real-time PCR using Mx3000P qPCR system (Agilent Technologies). The qPCR conditions were 95 °C for 3 min followed by 35 cycles at 95 °C for 15 s and 60 °C for 45 s.

Southern blot analysis. Digoxigenin (DIG)-labeled DNA probes targeting the genes *estA* (1119 bp) and *sub1* (642 bp) of *S. scabiei* EF-35 were generated by PCR using the appropriate primers (Table 1.2) with a DIG-high prime kit (Roche) according to the manufacturer's protocol. Southern blot experiments using these probes were carried out according to Sambrook and Russell (2001). Briefly, 3 µg of genomic DNA from the strains listed in Table 1.1 was digested by BamHI (New England Biolabs). The digested DNA was then separated on a 1.2 % TAE agarose gel and transferred overnight by capillary action to a Hybond-N$^+$ membrane (GE Healthcare). The membrane was successively transferred into a prehybridization solution and then to a hybridization solution containing the denaturated probes. The hybridization was carried out at 68 °C. Immunological detection of the hybridized probe was performed using anti-DIG-alkaline phosphatase antibodies (Roche) with the chromogenic substrate NBT/BCIP (Roche).

54

Statistical analyses. Esterase activity, RT-PCR and RT-qPCR experiments were performed in triplicate. Data analyses using SAS software (SAS Institute). Data were performed with one-way analysis of variance (ANOVA) with growth medium as main factor.

Results

Taxonomy and pathogenicity of tested strains. The complete 16S rRNA gene sequence was obtained for the 20 bacterial isolates used in this study to confirm or determine their species-level taxonomy. New 16S RNA gene sequences generated herein have been submitted to the GenBank database and accession numbers are listed in Table 1.1. The presence of the *txtA* gene, required for thaxtomin biosynthesis, was confirmed by PCR amplification in all pathogenic strains used in this study (data not shown).

Data mining and phylogenetic analysis. A putative esterase A gene (SCAB_3021, 1119 bp) was found in the sequence genome of strain 87-22. Primers (Table 1.2) were designed from the *estA* gene sequence of *S. scabiei* 87-22 to detect the corresponding sequence in *S. scabiei* EF-35. The resulting amplicon exhibited 100 % similarity with the *estA* sequence of *S. scabiei* 87-22. The deduced protein sequence of this gene exhibited a high similarity, 91 % identity in a region of 316 amino acids, with the hypothetical esterase A from *Streptomyces viridochromogenes* DSM40736, which belongs to the family of secreted SGNH-hydrolases. The esterase A enzymes of *S. scabiei* strains 87-22 and FL1 and of *S. viridochromogenes* DSM40736 belong to the same clade (Fig. 1.1). However, the deduced protein sequence of the *estA* gene from *S. scabiei* 87-22 exhibited low similarity, 27% identity in a region of 316 amino acids, with the known esterase A from *S. scabiei* FL1. Protein BLAST sequence analysis against the NCBI databases showed that proteins homologous to EstA appear in several *Streptomyces* species and in other actinobacteria genera (Fig. 1.1). The sequence identity of *S. scabiei* 87-22 esterase A with the esterase protein of other actinobacteria varied between 27 and 91 %.

55

The genome of *S. scabiei* 87-22 was also searched for the presence of a protein sequence corresponding to the protein CcCUT1 of the fungus *C. cinerea* VTTD041011 (Kontkanen et al. 2009). The deduced protein sequence of the SCAB_78931 gene (642 bp, hereafter called *sub1*) showed 33 % identity with CcCUT1. The PCR-amplified DNA from *S. scabiei* EF-35 corresponding to SCAB_78931 exhibited 100 % homology with the *sub1* gene of *S. scabiei* 87-22. According to the Conserved Domain-Search interface from the NCBI, the predicted amino acid sequence of Sub1 belongs to the cutinase superfamily. Multiple alignments of Sub1 constructed with cutinases of both fungal and bacterial origins revealed conserved residues in the amino acid sequences. The serine, aspartic acid, and histidine residues, which are part of the catalytic triad, are completely conserved in these cutinases, and the consensus pentapeptide, GTSQG, contains the active serine residue. In sub1, this consensus sequence was found at positions 112–116, and Ser114, Asp182, and His195 were identified as the amino acids most likely to be involved in the active site. The four highly conserved cysteine residues are present within the predicted sequence. Protein BLAST sequence analysis against the NCBI databases showed that Sub1 is conserved in only a few actinobacteria. Sub1 presented high homology with cutinase-like enzymes from human pathogenic mycobacteria and some fungal species (Fig. 1.2).

N-terminal analysis of the translational products of both *estA* (SCAB_3021) and *sub1* (SCAB_78931) from *S. scabiei* 87-22 showed that a signal peptide was predicted in both amino acid sequences with a cleavage site located between the 56th and 57th amino acid residues for *estA* and between the 29th and 30th amino acid residues for *sub1*, indicating that they are likely to be secreted outside the cell.

Detection of *estA* and *sub1* orthologous genes in actinobacteria. The results of the Southern blot hybridization experiments between the *estA* probe from *S. scabiei* EF-35 and other tested actinobacteria confirmed the presence of a orthologous gene in several of the actinobacteria tested (Table 1.3). Among the nine *S. scabiei* strains tested only six of them showed hybridization with the *estA* probe (strains EF-35, 87-22, ATCC 49173, 88-01-7,

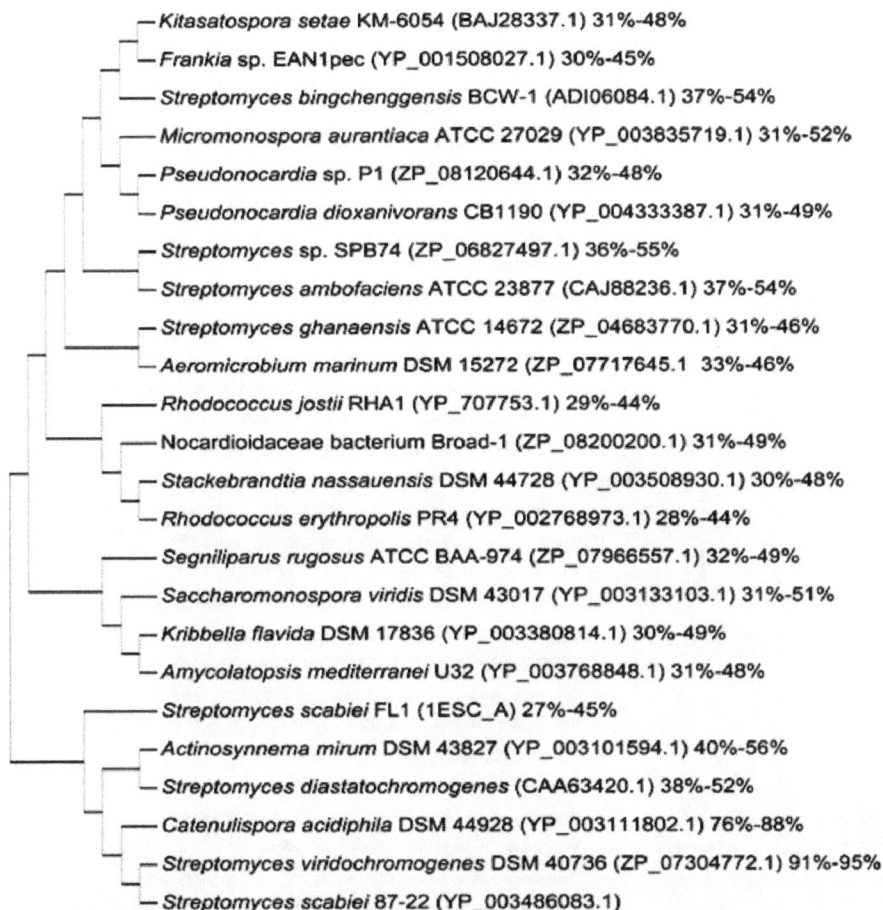

Figure 1.1. Phylogenetic tree of EstA and its orthologues. The tree was constructed using the neighbor-joining method (MEGA 4.0). Species name are followed by accession numbers and by percentage of identities and positives obtained by global sequence alignment with EstA amino acid sequence of *Streptomyces scabiei* 87-22 (http://www.ebi.ac.uk/Tools/psa/).

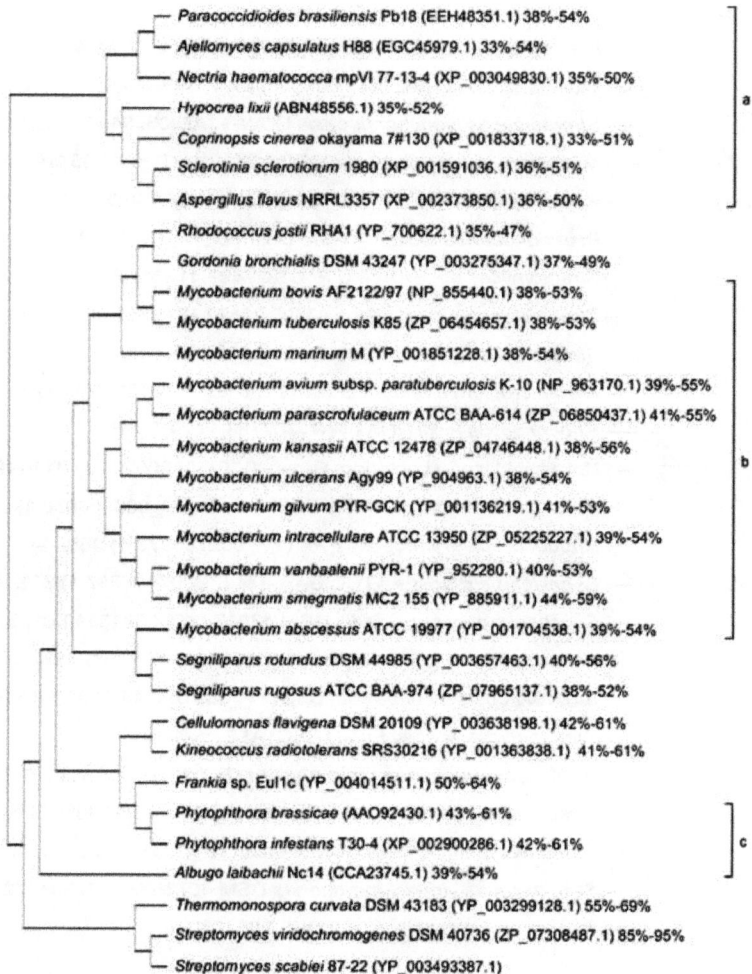

Figure 1.2. Phylogenetic tree of Sub1 and its orthologues constructed using the neighbor-joining method (MEGA 4.0). Accession numbers are given at the end of each species name, followed by percentage of identities and positives obtained by global sequence alignment with Sub1 amino acid sequence *Streptomyces scabiei* 87-22 (http://www.ebi.ac.uk/Tools/psa/). a) group of fungal species; b) group of *Mycobacterium* species and c) group of oomycetes species.

CFBP 4518 and Lip-17). In addition to these *S. scabiei* strains, *S. bottropensis* LE-3A, and *S. diastatochromogenes* ATCC 12309 also tested positive for the presence of *estA*.

Extracellular esterase activity in *Strreptomyces scabiei* EF-35. Extracellular esterase activity of *S. scabiei* EF-35 was compared among media containing suberin, starch or both polymers as carbon sources. In the starch medium, *S. scabiei* EF-35 exhibited low extracellular esterase activity (varying between 2 and 6 µmol/min/mL) (Fig. 1.3). Esterase activity was significantly higher in the medium containing both starch and suberin than in the starch alone medium, but only after 3 days of growth. In the starch suberin medium, the esterase activity peaked at day 5, reaching a maximum of 17 µmol/min/mL (Fig. 1.3). After 2 days of growth in the suberin medium, the esterase activity reached 28 µmol/min/mL and was 14-fold higher than in the two other media tested. Esterase activity significantly increased to reach 34 µmol/min/mL in a 3 day-old suberin culture medium and remained stable until day 6 (Fig. 1.3).

Esterase activity in *S. scabiei* EF-35 depended on the carbon source (Fig. 1.4). No or low (below 5 µmol/min/mL) esterase activity was associated with supernatants of *S. scabiei* EF-35 cultures grown in the presence of glucose or mannitol as the sole carbon sources while substantial esterase production was observed when *S. scabiei* was grown in the presence of the plant polymers (Fig. 1.4). Esterase activity was significantly higher in the suberin medium varying from day 3 to day 9 between 42 and 55 µmol/min/mL. Moreover, data presented in Fig. 1.4 revealed that the presence of xylan, cutin or lignin in the culture media as a sole source of carbon also induced esterase activity. This activity reached values between 14 and 18 µmol/min/mL, depending on the substrate.

Gene expression of *estA* and *sub1* in *Streptomyces scabiei* EF-35. The expression of *estA* and *sub1* genes was induced by the addition of suberin to the starch medium (Fig. 1.5). The relative expression of *estA* gene reached the highest level after 5 days of growth and was 5-fold upregulated, while the relative expression of *sub1* gene continually increased over time. A very strong expression was observed at day 8, at

Table 1.3. Presence of *estA* and *sub1* gene orthologues in actinobacteria strains as determined by Southern blotting

Bacterial strain	*estA*	*sub1*
Pathogenic actinobacteria		
Streptomyces scabiei strains		
EF-35	+	+
87-22	+	+
ATCC 49173	+	+
Lip-17	+	+
CFBP 4518	+	+
CG1	-	+
Warba-6	-	+
CG11	-	+
88-01-07	+	+
Streptomyces acidiscabies ATCC 49003	-	-
Streptomyces bottropensis LE-3A	+	+
Non-pathogenic actinobacteria		
Frankia alni ACN14a	-	-
Streptomyces diastatochromogenes ATCC 12309	+	-
Streptomyces thermocarboxydus EF-2	-	-
Streptomyces melanosporofaciens EF-76	-	-
Streptomyces coelicolor A3(2) M145	-	-
JJY4	-	-
OPM-8	-	-
R97-2	-	-
R98-2	-	-

Note: (+) presence or (−) absence of *estA* or *sub1* genes.

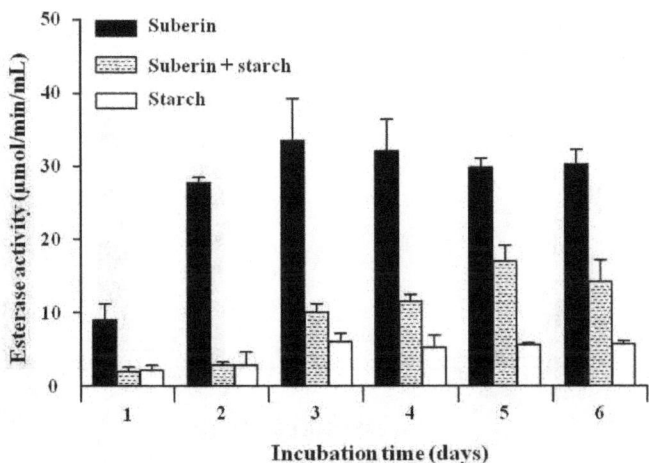

Figure 1.3. Esterase activity in *S. scabiei* EF-35 (+ SD) grown in minimal medium supplemented with 0.5 % (w/v) suberin, 0.5 % (w/v) suberin+0.5 % (w/v) starch, and 0.5 % (w/v) starch. Data are the mean of three replicates.

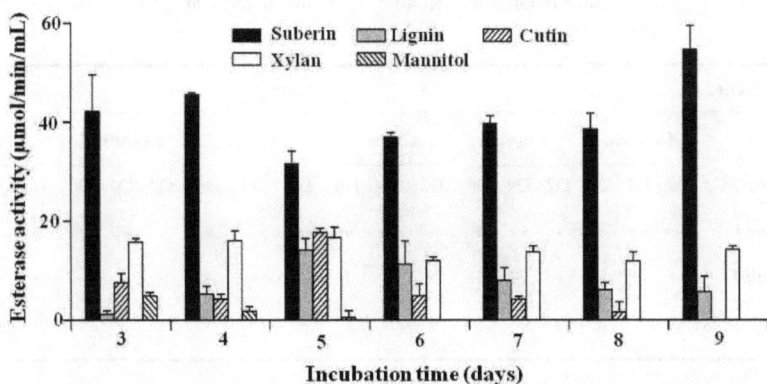

Figure 1.4. Esterase activity in *S. scabiei* EF-35 (+ SD) grown in minimal medium supplemented with 0.2 % (w/v) suberin, lignin, cutin, xylan or mannitol. Data are the mean of three replicates.

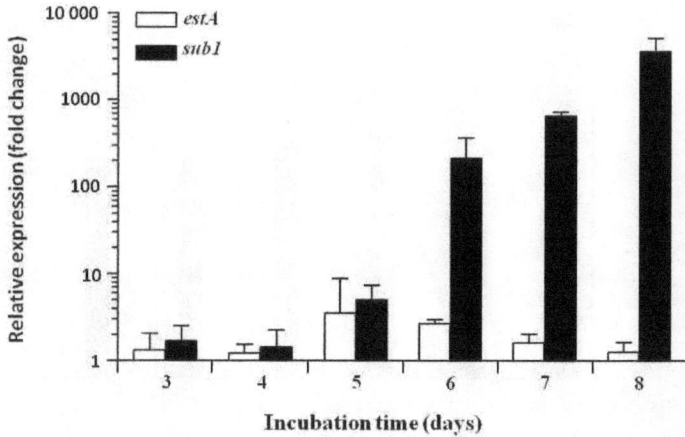

Figure 1.5. Relative expression levels (+ SD) of the *estA* and *sub1* genes in *S. scabiei* EF-35 grown in minimal medium with 0.5 % (w/v) suberin and 0.5 % (w/v) starch (Minimal medium with 0.5 % (w/v) starch was used as control medium).

Table 1.4. Expression of the gene *estA* and *sub1* in *S.scabiei* EF-35 in the presence of different carbon sources, after 2, 4 and 6 days of growth (D2, D4 and D6, respectively).

Gene	Substrate																	
	Suberin			Lignin			Cutin			Xylan			Mannitol			Glucose		
	D2	D4	D6	D2	D4	D6	D2	D4	D6	D2	D4	D6	D2	D4	D6	D2	D4	D6
estA	-	++	+	-	++	+	-	++	+	+	++	+	-	++	+	-	++	+
sub1	++	++	++	-	-	-	-	-	+	-	-	-	-	-	-	-	-	-
gyrA[(1)]	+	+	+	+	+	+	+	+	+	+	+	+	+	+	+	+	+	+

Nota : (+) RT-PCR product appeared with low intensity on the gel.
(++) RT-PCR product appeared with high intensity on the gel.
(-) no band was detected.

[(1)]gyrA (gyrase A) was used as control gene.

62

which point the *sub1* gene showed a 4000-fold overexpression in the presence of suberin than in the control medium (Fig. 1.5).

Transcription of *estA* and *sub1* in *S. scabiei* EF-35 was determined by RT-PCR in 2-, 4- and 6-day-old culture media supplemented with suberin, lignin, cutin, xylan, glucose or mannitol (Table 1.4). Transcripts of *estA* were observed in all culture media tested after an incubation of 4 and 6 days (Table 1.4). However, *estA* transcripts were detected after 2 days of growth only in media supplemented with xylan. Transcripts of *sub1* were only detected when the bacteria was grown in the presence of suberin (days 2, 4 and 6) or cutin (day 6) (Table 1.4).

Discussion

S. scabiei is known to infect potato tubers through lenticels and wounds (Loria et al. 2006). Moreover, direct penetration of *S. scabiei* into plant tissue has been suggested (Loria et al. 2003; Błaszczak et al. 2005). While the potato tuber is covered by a suberized periderm, deposit of suberin in lenticels depends on tuber development and environmental conditions (Adams 1975). The production by *S. scabiei* of esterase enzymes that can degrade suberin may thus facilitate its penetration into potato tissue (McQueen and Schottel 1987; Beauséjour et al. 1999).

The present study suggests that the production of enzymes with esterase activity by *S. scabiei* EF-35 is regulated at several levels. No esterase activity was detected when the bacterium was grown in the presence of glucose. However, *S. scabiei* EF-35 exhibited a low esterase activity when grown in the presence of mannitol and a slightly higher activity when cultivated with plant polymers such as starch, lignin, xylan and cutin, indicating that esterase activity was non-specific to the suberin substrate. It has been previously reported that enzymatic degradation of lignin (Borgmeyer and Crawford 1985; Donnelly and Crawford 1988), xylan (Biely et al. 1988; de Vries et al. 2002) and cutin (Kolattukudy 1985) requires the action of at least some esterases.

S. scabiei is not an obligate pathogen and can thrive in soil on organic matter (Loria et al. 2006). Its ability to produce extracellular esterases in the presence of various polymers suggests that the pathogen can degrade complex polymers to obtain carbon for growth in the soil environment. Although extracellular esterase activity is not strictly associated with the presence of suberin, this polymer appears to be an excellent substrate to induce esterase activity. Among the carbon sources that have been tested, suberin was the substrate that induced the highest esterase activity. This study did not allow the identification of esterases that were produced in the presence of the carbon sources used in this study. However, it has been demonstrated that two *S. scabiei* EF-35 esterase genes (*estA* and *sub1*) were overexpressed in the presence of suberin.

The *estA* genes of *S. scabiei* strains 87-22 and EF-35 were identified by similarity searching against the known esterase produced by *S. scabiei* FL1 in the presence of suberin. Interestingly, the sequence identity to the *S. scabiei* FL1 esterase was lower than that of the esterase produced from *S. viridochromogenes* DSM40736. Our results thus suggest an important intra-specific variation within the *estA* genes of *S. scabiei* strains. Furthermore, *estA* was not detected in all pathogenic strains of *S. scabiei* but was found in the genomes of non-pathogenic actinobacteria, indicating that the gene is not essential for pathogenicity.

Both *estA* genes found in *S. scabiei* strains EF-35 and FL1 belonged to the same esterase family, which appears to be strictly associated with a wide range of filamentous (*S. viridochromogenes*, *Catenulispora acidiphilia*, *Actinosynnema mirum*) and non-filamentous (*Segniliparus rugosus*, *Rhodococcus erythropolis*) actinobacteria. Sequence analysis revealed that the protein EstA shared the sequence GDSYT with the actinobacteria proteins tested and that serine 11 may be the active-site nucleophile (Tesch et al. 1996). As *estA* gene expression is induced by all substrates tested and is found in various actinobacteria, the corresponding esterase may participate in the decomposition of various substrates, while suberin appears to be an excellent inducer of *estA* transcription. Although *estA* might be involved in suberin degradation, the wide range of

64

substrates inducing its transcription suggests that EstA could not be strictly defined as a suberinase.

The *subl* gene of *S. scabiei* EF-35 has been identified by similarity of its deduced amino acid sequence with the CcCUT1 protein of the fungus *C. cinerea* VTTD041011, which has cutinase and suberinase activities (Kontkanen et al. 2009). The Subl protein belongs to a class of serine esterases that contain the catalytic triad (serine, aspartate and histidine), with the active serine in the consensus sequence Gly-Tyr-Ser-Gln-Gly (Martinez et al. 1994). The four highly conserved cysteine residues are important in the formation of disulphide bridges which contribute to correct protein folding critical for enzyme activity (Kolattukudy 1985). Only two of the carbon sources tested induced expression of the *subl* gene: suberin and, to a lesser extent, cutin. There are structural similarities between the suberin aliphatic domain and cutin. Both polymers are polyesters of modified fatty acids (Kolattukudy 1980; Heredia 2003) and containg an even number of carbons ranging from C_{16} to C_{26} (Pollard et al. 2008). Cutinase production has been reported in some phytopathogenic fungi (Köller and Parker 1989; Yao and Köller 1995; Li et al. 2003) and fungal cutinases are required for the pathogenicity of fungi such as *Alternaria alternata* (Tanabe et al. 1988), *Colletotrichum gloeosporioides* (Dickman and Patil 1986), *Erysiphe graminis* f. sp. *hordei* (Francis et al. 1996), *Magnaporthe grisea* (Skamnioti and Gurr 2007), *Mycosphaerella* sp. (Dickman et al. 1989), *Phytophthora infestans* (Ospina-Giraldo et al. 2010), *Pyrenopeziza brassicae* (Li et al. 2003) and *Venturia inequalis* (Köller et al. 1991), but not for others such as *Alternaria brassicicola* (Yao and Köller 1995), *Botrytis cinerea* (van Kan et al. 1997) and *Colletotrichum lagenarium* (Bonnen and Hammerschmidt 1989). We do not exclude the possibility that *subl* may participate in the infection mechanisms of most common scab-inducing strains since the gene has been rarely detected in non-pathogenic streptomycetes. However the fact that some pathogens lack the *subl* gene, like *Streptomyces acidiscabies* ATCC 49003 indicates that *subl* is not essential for pathogenicity.

The homology between *S. scabiei* Subl and mycobacterial cutinases is of interest. The latter cutinase is prevalent in environmental strains of mycobacteria such as

Mycobacterium vanbaalenii and *Mycobacterium* sp. KMS which are isolated from soil environments where dead plant matter, such as cutin, is present (Miller et al. 2004; Belbahri et al. 2008). It can also be found in animal pathogenic strains of mycobacteria such as *Mycobacterium tuberculosis* and *Mycobacterium bovis* which do not naturally encounter cutin polymers (Parker et al 2007; Schué et al. 2010). West et al. (2009) demonstrated that some of these proteins do not possess cutinase activity, as inferred by the annotation "cutinases" in the genome. Several studies suggested an alternative use for this family of enzymes which act on substrates such as phospholipids and polysorbates (Tween) and participate in lipid metabolism (Parker et al. 2007; Schué et al. 2010).

While cutinases have been relatively well studied (Kolattukudy et al. 1995; Köller et al. 1995), little information is available about suberinases (Fernando *et al.* 1984; Zimmerman and Seemüller 1984; Ofong and Pearce 1994; García-Lepe et al. 1997; Kontkanen et al. 2009). Microbial degradation of suberin is a process that has been poorly studied, as suberin is among the most recalcitrant plant-derived molecules in soils (Bernards 2002). Suberinases have been shown to be produced by some fungi but there is no evidence in the literature that actinobacteria produce suberin-degrading esterases. This study strongly suggests that the *sub1* gene of *S. scabiei* encodes a suberinase.

The addition of starch to suberin-containing medium supported the growth of *S. scabiei* EF-35 but reduced both the esterase activity and the expression of *estA* and *sub1*, suggesting that EstA and Sub1 participate into the esterase activity. Availability of a carbon source such as starch may inhibit utilization of recalcitrant polymers such as suberin. This result suggests the presence of catabolite repression by glucose, a degradation product of starch, in esterases production, including EstA and Sub1. A similar situation has been reported with both filamentous and non-filamentous bacteria growing on cutin. The addition of glucose in the growth media of *Thermoactinomyces vulgaris* (Fett et al. 2000) and *Thermomonospora fusca* 30 (Fett et al. 1999) caused almost complete inhibition or cessation of cutinase production. Synthesis of fungal cutinase is also repressed by the presence of glucose in the medium (Lin and Kolattukudy 1978; Bajar et al. 1991).

In this study, two esterase genes of *S. scabiei* potentially involved in suberin degradation (*estA* and *sub1*) have been identified. Both genes are preferentially expressed in the presence of suberin and *sub1* expression appears to be specific to polymers containing long fatty acids such as suberin and cutin. To our knowledge, *sub1* is the first bacterial gene that has been shown to be preferentially expressed in the presence of suberin. Further studies will focus on the purification and characterization of the *S. scabiei* EF-35 Sub1 protein.

Acknowledgements

The authors thank Sylvain Lerat for a review of the manuscript. This work was supported by the National Sciences and Engineering Research Council of Canada. D. Komeil was financially supported by a Ph.D. scholarship from the Ministry of Higher Education, Egypt.

References

Adams, M.J. 1975. Potato tuber lenticels: development and structure. Ann. Appl. Biol. **79**(3): 267-273. doi:10.1111/j.1744-7348.1975.tb01582.x.

Bajar, A., Podila, G.K., and Kolattukudy, P.E. 1991. Identification of a fungal cutinase promoter that is inducible by a plant signal via a phosphorylated trans-acting factor. Proc. Natl. Acad. Sci. USA, **88**(18): 8208-8212. PMID:1896470.

Beauséjour, J., Goyer, C., Vachon, J., and Beaulieu, C. 1999. Production of thaxtomin A by *Streptomyces scabies* strains in plant extract containing media. Can. J. Microbiol. **45**(9): 764-768. doi:10.1139/cjm-45-9-764.

Bélanger, P.-A., Beaudin, J., and Roy, S. 2011. High-throughput screening of microbial adaptation to environmental stress. J. Microbiol. Methods, **85**(2): 92-97. doi:10.1016/j.mimet.2011.01.028.

Belbahri, L., Calmin, G., Mauch, F., and Andersson, J.O. 2008. Evolution of the cutinase gene family: evidence for lateral gene transfer of a candidate *Phytophthora* virulence factor. Gene, **408**(1-2): 1-8. doi:10.1016/j.gene.2007.10.019.

Bendtsen, J.D., Nielsen, H., von Heijne, G., and Brunak, S. 2004. Improved prediction of signal peptides: SignalP 3.0. J. Mol. Biol. **340**(4): 783-795. PMID:15223320.

Bernards, M.A. 2002. Demystifying suberin. Can. J. Bot. **80**(3): 227-240. doi:10.1139/B02-017.

Bernèche-D'Amours, A., Ghinet, M.G., Beaudin, J., Brzezinski, R., and Roy, S. 2011. Sequence analysis of *rpoB* and *rpoD* gene fragments reveals the phylogenetic diversity of actinobacteria of genus *Frankia*. Can. J. Microbiol. **57**(3): 244-249. PMID:21358766.

Bibb, M.J., Freeman, R.F., and Hopwood, D.A. 1977. Physical and genetical characterisation of a second sex factor, SCP2, for *Streptomyces coelicolor* A3(2). Mol. Gen. Genet. **154**(2): 155-166. doi:10.1007/BF00330831.

Biely, P., MacKenzie, C.R., and Schneider, H. 1988. Acetylxylan esterase of *Schizophyllum commune*. Methods Enzymol. **160**(c): 700-707. doi:10.1016/0076-6879(88)60190-X.

Błaszczak, W., Chrzanowsk, M., Fornal, J., Zimnoch-Guzowsk, E., Palacios, M.C., and Vacek, J. 2005. Scanning electron microscopic investigation of different types of necroses in potato tubers. Food Control, **16**(8): 747-752. doi:10.1016/j.foodcont.2004.06.014.

Bonnen, A.M., and Hammerschmidt, R. 1989. Role of cutinolytic enzymes in infection of cucumber by *Colletotrichum lagenarium*. Physiol. Mol. Plant Pathol. **35**(6): 475-481. doi:10.1016/0885-5765(89)90089-1.

Borgmeyer, J.A., and Crawford, D.L. 1985. Production and characterization of polymeric lignin degradation intermediates from two different *Streptomyces* spp. Appl. Environ. Microbiol. **49**(2): 273-278. PMID:16346714.

Bouchek-Mechiche, K., Gardan, L., Normand, P., and Jouan, B. 2000. DNA relatedness among strains of *Streptomyces* pathogenic to potato in France: Description of three new species, *S. europaeiscabiei* sp. nov. and *S. stelliscabiei* sp. nov. associated with common scab, and *S. reticuliscabiei* sp. nov. associated with netted scab. Int. J. Syst. Evol. Microbiol. **50**(1): 91-99. PMID:10826791.

Brody, J.R., and Kern, S.E. 2004. Sodium boric acid: a Tris-free, cooler conductive medium for DNA electrophoresis. Biotechniques, **36**(2): 214-216. PMID:14989083.

Bukhalid, R.A., Chung, S.Y., and Loria, R. 1998. *nec1*, a gene conferring a necrogenic phenotype, is conserved in plant-pathogenic *Streptomyces* spp. and linked to a transposase pseudogene. Mol. Plant-Microbe Interact. **11**(10): 960-967. doi:10.1094/MPMI.1998.11.10.960.

de Klerk, A., McLeod, A., Faurie, R., and van Wyk, P.S. 1997. Net blotch and necrotic warts caused by *Streptomyces scabies* on pods of peanut (*Arachis hypogaea*). Plant Dis. **81**(8): 958. doi:10.1094/PDIS.1997.81.8.958B.

de Vries, R.P., van Kuyk, P.A., Kester, H.C.M., and Visser, J. 2002. The *Aspergillus niger faeB* gene encodes a second feruloyl esterase involved in pectin and xylan degradation and is specifically induced in the presence of aromatic compounds. Biochem. J. **363**(2): 377-386. PMID:11931668.

Dickman, M.B., and Patil, S.S. 1986. Cutinase deficient mutants of *Colletotrichum gloeosporioides* are non-pathogenic to papaya fruit. Physiol. Mol. Plant Pathol. **28**(2): 235-242. doi:10.1016/S0048-4059(86)80067-4.

Dickman, M.B., Podila, G.K., and Kolattukudy, P.E. 1989. Insertion of cutinase gene into a wound pathogen enables it to infect intact host. Nature, **342**: 446-448. doi:10.1038/342446a0.

Donnelly, P.K., and Crawford, D.L. 1988. Production by *Streptomyces viridosporus* T7A of an enzyme which cleaves aromatic acids from lignocellulose. Appl. Environ. Microbiol. **54**(9): 2237-2244. PMID:16347736.

Doumbou, C.L., Akimov, V., Côté, M., Charest, P.M., and Beaulieu, C. 2001. Taxonomic study on nonpathogenic streptomycetes isolated from common scab lesions on potato tubers. Syst. Appl. Microbiol. **24**(3): 451-456. doi:10.1078/0723-2020-00051.

Faucher, E., Paradis, E., Goyer, C., Hodge, N.C., Hogue, R., Stall, R.E., and Beaulieu, C. 1995. Characterization of streptomycetes causing deep-pitted scab of potato in Quebec Canada. Int. J. Syst. Bacteriol. **45**(2): 222-225. doi:10.1099/00207713-45-2-222.

Faucher, E., Savard, T., and Beaulieu, C. 1992. Characterization of actinomycetes isolated from common scab lesions on potato tubers. Can. J. Plant Pathol. **14**(3): 197-202. doi:10.1080/07060669209500874.

Fernando, G., Zimmermann, W., and Kolattukudy, P.E. 1984. Suberin-grown *Fusarium solani* f. sp. *pisi* generates a cutinase-like esterase which depolymerises the aliphatic components of suberin. Physiol. Plant Pathol. **24**(2): 143-155. doi:10.1016/0048-4059(84)90022-5.

Fett, W.F., Wijey, C., Moreau, R.A., and Osman, S.F. 1999. Production of cutinase by *Thermomonospora fusca* ATCC 27730. J. Appl. Microbiol. **86**(4): 561-568. doi:10.1046/j.1365-2672.1999.00690.x.

Fett, W.F., Wijey, C., Moreau, R.A., and Osman, S.F. 2000. Production of cutinolytic esterase by filamentous bacteria. Lett. Appl. Microbiol. **31**(1): 25-29. doi: 10.1046/j.1472-765x.2000.00752.x.

Francis, S., Dewey, F., and Gurr, S. 1996. The role of cutinase in germling development and infection by *Erysiphe graminis* f. sp. *hordei*. Physiol. Mol. Plant Pathol. **49**(3): 201-211. doi:10.1006/pmpp.1996.0049.

Franke, R., and Schreiber, L. 2007. Suberin-a biopolyester forming apoplastic plant interfaces. Curr. Opin. Plant Biol. **10**(3): 252-259. doi: 10.1016/j.pbi.2007.04.004.

Gao, M., and Chamuris, G.P. 1993. Microstructural and histochemical changes in *Acer platanoides* rhytidome caused by *Dendrothele acerina* (Aphyllophorales) and *Mycena meliigena* (Agaricales). Mycologia, **85**(6): 987-995. Available from http://www.jstor.org/stable/3760682.

García-Lepe, R., Nuero, O.M., Reyes, F., and Santamaría, F. 1997. Lipase in autolysed cultures of filamentous fungi. Lett. Appl. Microbiol. **25**(2): 127-130. PMID: 9281862

Gérard, H.C., Fett, W.F., Osman, S.F., and Moreau, R.A. 1993. Evaluation of cutinase activity of various industrial lipases. Biotechnol. Appl. Biochem. **17**(2): 181-189. doi:10.1111/j.1470-8744.1993.tb00238.x.

Goyer, C. 2005. Isolation and characterization of phages Stsc1 and Stsc3 infecting *Streptomyces scabiei* and their potential as biocontrol agent. Can. J. Plant Pathol. **27**(2): 210-216. doi: 10.1080/07060660509507218.

Goyer, C., and Beaulieu, C. 1997. Host range of streptomycete causing common scab. Plant Dis. **81**(8): 901-904. doi:10.1094/PDIS.1997.81.8.901.

Goyer, C., Faucher, E., and Beaulieu, C. 1996. *Streptomyces caviscabies* sp. nov., from deep-pitted lesions in potatoes in Quebec, Canada. Int. J. Syst. Evol. Microbiol. **46**(3): 635-639. doi:10.1099/00207713-46-3-635.

Graça, J., and Pereira, H. 2000. Suberin structure in potato periderm: glycerol, long-chain monomers, and glyceryl and feruloyl dimers. J. Agric. Food Chem. **48**(11): 5476-5483. PMID:11087505.

Graça, J., and Santos, S. 2007. Suberin: a biopolyester of plants' skin. Macromol. Biosci. **7**(2): 128-135. doi:10.1002/mabi.200600218.

Green, R., Schottel, J.L., Swenson, L., Wei, Y., and Derwenda, Z. 1992. Crystallization and preliminary crystallographic data of a *Streptomyces scabies* extracellular esterase. J. Mol. Biol. **227**(2): 569-571. doi: 10.1016/0022-2836(92)90908-3. PMID:1404370.

Heredia, A. 2003. Biophysical and biochemical characteristics of cutin, a plant barrier biopolymer. Biochim. Biophys. Acta, **1620**(1-3): 1-7. PMID:12595066.

Hill, J., and Lazarovits, G. 2005. A mail survey of growers to estimate potato common scab prevalence and economic loss in Canada. Can. J. Plant Pathol. **27**(1): 46-52. doi:10.1080/07060660509507192.

Joshi, M.V., Bignell, D.R.D., Johnson, E.G., Sparks, J.P., Gibson D.M., and Loria, R. 2007b. The AraC/XylS regulator TxtR modulates thaxtomin biosynthesis and virulence in *Streptomyces scabies*. Mol. Microbiol. **66**(3): 633-642. PMID:17919290.

Kieser, T., Bibb, M.J., Buttner, M.J., Chater, K.F., and Hopwood, D.A. 2000. Practical *Streptomyces* Genetics. John Innes Foundation, Norwich, UK.

King R.R., Lawrence C.H., and Clark M.C. 1991. Correlation of phytotoxin production with pathogenicity of *Streptomyces scabies* isolates from scab infected potato tubers. Am. Potato J. **68**(10): 675-680. doi:10.1007/BF02853743.

Kolattukudy, P.E. 1980. Biopolyester membranes of plants-cutin and suberin. Science, **208**(4447): 990-1000. doi:10.1126/science.208.4447.990.

Kolattukudy, P.E., and Agrawal, V.P. 1974. Structure and composition of aliphatic constituents of potato tuber skin (suberin). Lipids, **9**(9): 682-691. doi:10.1007/BF02532176.

Kolattukudy, P.E., Rogers, L.M., Li, D., Hwang, C.S., and Flaishman, M.A. 1995. Surface signaling in pathogenesis. Proc. Natl. Acad. Sci. USA, **92**(10): 4080-4087. PMID:7753774.

Kolattukudy, P.E. 1985. Enzymatic penetration of the plant cuticle by fungal pathogens. Annu. Rev. Phytopathol. **23**: 223-250. doi:10.1146/annurev.py.23.090185.001255.

Köller, W., and Parker, D.M. 1989. Purification and characterization of cutinase from *Venturia inaequalis*. Phytopathology, **79**(3): 278-283. doi:10.1094/Phyto-79-278.

Köller, W., Parker, D.M., and Becker, C.M. 1991. Role of cutinase in the penetration of apple leaves by *Venturia inaequalis*. Phytopatholology, **81**(11): 1375-1379. doi:10.1094/Phyto-81-1375.

Köller, W., Yao, C.L., Trail, F., and Parker, D.M. 1995. Role of cutinase in the invasion of plants. Can. J. Bot. **73**(S1): 1109-1118. doi:10.1139/b95-366.

Kontkanen, H., Westerholm-Parvinen, A., Saloheimo, M., Bailey, M., Rättö, M., Mattila, I., Mohsina, M., Kalkkinen, N., Nakari-Setälä, T., and Buchert, J. 2009. Novel *Coprinopsis cinerea* polyesterase that hydrolyzes cutin and suberin. Appl. Environ. Microbiol. **75**(7): 2148-2157. doi:10.1128/AEM.02103-08.

Lambert, D.H., and Loria, R. 1989*a*. *Streptomyces scabies* sp. nov., nom. rev. Int. J. Syst. Bacteriol. **39**(4): 387-392. doi:10.1099/00207713-39-4-387.

Lambert, D.H., and Loria, R. 1989*b*. *Streptomyces acidiscabies* sp. nov. Int. J. Syst. Bacteriol. **39**(4): 393-396. doi:10.1099/00207713-39-4-393.

Lauzier, A., Goyer, C., Brzezinski, R., Crawford, D.L. and Beaulieu, C. 2002. Effect of amino acids on thaxtomin A biosynthesis in *Streptomyces scabies*. Can. J. Microbiol. **48**(4): 359-364. PMID:1203709.

Lerat, S., Simao-Beaunoir, A.-M., Wu, R., Beaudoin, N., and Beaulieu, C. 2010. Involvement of the plant polymer suberin and the disaccharide cellobiose in triggering thaxtomin A biosynthesis, a phytotoxin produced by the pathogenic agent *Streptomyces scabies*. Phytopathology, **100**(1): 91-96. PMID:19968554.

Li, D., Ashby, A.M., and Johnstone, K. 2003. Molecular evidence that the extracellular cutinase Pbc1 is required for pathogenicity of *Pyrenopeziza brassicae* on oilseed rape. Mol. Plant-Microbe Interact. **16**(6): 545-552. doi:10.1094/MPMI.2003.16.6.545.

Lin, T.S., and Kolattukudy, P.E. 1978. Induction of a biopolyester hydrolase (cutinase) by low levels of cutin monomers in *Fusarium solani* f. sp. *pisi*. J. Bacteriol. **133**(2): 942-951. PMID:415052.

Loria, R., Coombs, J., Yoshida, M., Kers, J., and Bukhalid, R.A. 2003. A paucity of bacterial root diseases: *Streptomyces* succeeds where others fail. Physiol. Mol. Plant Pathol. **62**(2): 65-72. doi:10.1016/S0885-5765(03)00041-9.

Loria, R., Kers, J., and Joshi, M. 2006. Evolution of plant pathogenicity in *Streptomyces*. Annu. Rev. Phytopathol. **44**: 469-487. doi: 10.1146/annurev.phyto.44.032905.091147. PMID:16719719.

Martinez, C., Nicolas, A., van Tilbeurgh, H., Egloff, M.P., Cudrey, C., Verger, R., and Cambillau, C. 1994. Cutinase, a lipolytic enzyme with a preformed oxyanion hole. Biochemistry, **33**(1): 83-89. doi: 10.1021/bi00167a011 PMID:8286366.

McQueen, D.A.R., and Schottel, J.L. 1987. Purification and characterization of a novel extracellular esterase from pathogenic *Streptomyces scabies* that is inducible by zinc. J. Bacteriol. **169**(5): 1967-1971. PMID:3571156.

Miller, C.D., Hall, K., Liang, Y.N., Nieman, K., Sorensen, D., Issa, B., Anderson, A.J., and Sims, R.C. 2004. Isolation and characterization of polycyclic aromatic hydrocarbon-degrading *Mycobacterium* isolates from soil. Microb. Ecol. **48**(2): 230-238. doi: 10.1007/s00248-003-1044-5. PMID:15107954.

Miyajima, K., Tanaka, F., Takeuchi, T., and Kuninaga, S. 1998. *Streptomyces turgidiscabies* sp. nov. Int. J. Syst. Bacteriol. **48**(2): 495-502. doi:10.1099/00207713-48-2-495.

Normand, P., and Lalonde, M. 1982. Evaluation of *Frankia* strains isolated from provenances of two *Alnus* species. Can. J. Microbiol. **28**(10): 1133-1142. doi:10.1139/m82-168

Ofong, A.U., and Pearce, R.B. 1994. Suberin degrading by *Rosellinia desmazieresii*. Eur. J. For. Pathol. **24**(6-7): 316-322. doi:10.1111/j.1439-0329.1994.tb00825.x.

Ospina-Giraldo, M.D., McWalters, J., and Seyer, L. 2010. Structural and functional profile of the carbohydrate esterase gene complement in *Phytophthora infestans*. Curr. Genet. **56**(6): 495-506. doi:10.1007/s00294-010-0317-z.

Parker, S.K., Curtin, K.M., and Vasil, M.L. 2007. Purification and characterization of mycobacterial phospholipase A: an activity associated with mycobacterial cutinase. J. Bacteriol. **189**(11): 4153-4160. doi:10.1128/JB.01909-06.

Pollard, M., Beisson, F., Li, Y., and Ohlrogge, J.B. 2008. Building lipid barriers: biosynthesis of cutin and suberin. Trends Plant Sci. **13**(5): 236-246. doi:10.1016/j.tplants.2008.03.003.

Sambrook, J., and Russell, D.W. 2001. Molecular Cloning: a Laboratory Manual, 3rd ed. Cold Spring Harbor Laboratory, Cold Spring Harbor.

Schué, M., Maurin, D., Dhouib, R., Bakala N'Goma, J.C., Delorme, V., Lambeau, G., Carrière, F., and Canaan, S. 2010. Two cutinase-like proteins secreted by *Mycobacterium tuberculosis* show very different lipolytic activities reflecting their physiological function. FASEB J. **24**(6): 1893-1903. doi:10.1096/fj.09-144766.

Shirling, E.B., and Gottlieb, D. 1972. Cooperative description of type strain of *Streptomyces* V. Additional descriptions. Int. J. Syst. Bacteriol. **22**(4): 265-394. doi:10.1099/00207713-22-4-265.

Skamnioti, P., and Gurr, S.J. 2007. *Magnaporthe grisea* cutinase2 mediates appressorium differentiation and host penetration and is required for full virulence. Plant Cell, **19**(8): 2674-2689. doi:10.1105/tpc.107.051219.

St-Onge, R., Goyer, C., Coffin, R., and Filion, M. 2008. Genetic diversity of *Streptomyces* spp. causing common scab of potato in eastern Canada. Syst. Appl. Microbiol. **31**(6-8): 474-484. doi:10.1016/j.syapm.2008.09.002 PMID: 18947953.

Takeuchi, T., Sawada, H., Tanaka, F., and Matsuda, I. 1996. Phylogenetic analysis of *Streptomyces* spp. causing potato scab based on 16s rRNA sequences. Int. J. Syst. Bacteriol. **46**(2): 476-479. doi:10.1099/ijs.0.02624-0.

Tanabe, K., Nishimura, S. and Kohmoto, K. 1988. Pathogenicity of cutinase- and pectic enzymes-deficient mutants of *Alternaria alternata* Japanese pear pathotype. Ann. Phytopathol. Soc. Japan, **54**(4): 552-555. Available from http://pdfcast.org/download/pathogenicity-of-cutinase-and-pectic-enzymes-deficient-mutants-of-alternar-a-alternata-japanese-pear-pathotype.pdf.

Tesch, C., Nikoleit, K., Gnau, V., Götz, F., and Bormann, C. 1996. Biochemical and molecular characterization of the extracellular esterase from *Streptomyces diastatochromogenes*. J. Bacteriol. **178**(7): 1858-1865. PMID:8606158.

van Kan, J.A., van't Klooster, J.W., Wagemakers, C.A., Dees D.C., and van der Vlugt-Bergmans, C.J. 1997. Cutinase A of *Botrytis cinerea* is expressed, but not essential, during penetration of gerbera and tomato. Mol. Plant-Microbe Interact. **10**(1): 30-38. doi:10.1094/MPMI.1997.10.1.30.

van Wezel, G.P., Vijgenboom, E., and Bosch, L. 1991. A comparative study of the ribosomal RNA operons of *Streptomyces coelicolor* A3(2) and sequence analysis of *rrnA*. Nucleic Acids Res. **19**(16): 4399-4403. PMID:1715981.

West, N.P., Chow, F.M., Randall, E.J., Wu, J., Chen, J., Ribeiro, J.M., and Britton, W.J. 2009. Cutinase-like proteins of *Mycobacterium tuberculosis*: characterization of their variable enzymatic functions and active site identification. FASEB J. **23**(6): 1694-1704. PMID:19225166.

Yao, C., and Köller, W. 1995. Diversity of cutinases from plant pathogenic fungi: different cutinases are expressed during saprophytic and pathogenic stages of *Alternaria brassicicola*. Mol. Plant-Microbe Interact. **8**(1): 122-130. doi:10.1094/MPMI-8-0122.

Zimmerman, W., and Seemüller, E. 1984. Degradation of raspberry suberin by *Fusarium solani* f. sp. *pisi* and *Armillaria mellea*. J. Phytopathol. **110**(3): 192-199. doi:10.1111/j.1439-0434.1984.tb00747.x.

CHAPITRE II

Analyse comparative du sécrétome de *Streptomyces scabiei* dans les milieux de culture supplémentés ou non avec de la subérine de pomme de terre.

1.0. Préambule.

Streptomyces scabiei provoque la gale commune, une maladie économiquement importante des tubercules de la pomme de terre. Dans la présente étude, l'effet de la subérine, un polymère lipidique couvrant le tubercule de la pomme de terre, sur le profil des protéines extracellulaires de *S. scabiei* EF-35 a été analysé. Nous avons identifié et comparé les protéines extracellulaires à partir de surnageant de *S. scabiei* EF-35 cultivées en présence de subérine, de caséine et des deux sources de carbone ensemble en utilisant des approches protéomiques. Seulement 22 protéines ont été retrouvées en commun dans les trois milieux testés, alors que 51 protéines ont été spécifiquement détectées dans le milieu avec de la subérine. Bien que la majorité des séquences identifiées correspondent à des protéines extracellulaires, un pourcentage important des séquences identifiées partagent de l'homologie avec des protéines connues comme des protéines intracellulaires telles que des protéines ribosomiques, une superoxyde dismutase et une déshydrogénase dihydrolipoamide putative. Ces deux dernières sont connues comme étant des protéines en lien avec la virulence. Toutes les protéines appartenant à la classe « métabolisme des lipides », comprenant des protéines de la famille estérase lipase, une endoglycosylceramidase, une cholestérol estérase, une diester glycérophosphoryl phosphodiestérase, une sphingolipide céramide N-désacylase, ont été détectées dans les milieux contenant la subérine. En outre, les protéines impliquées dans le transport et le métabolisme des glucides ont été surproduites dans les milieux contenant la subérine.

Ainsi, les protéines les plus abondantes détectées en présence de subérine sont des protéines de stress, des xylanases, des cellulases et des licheninases. Les travaux de cette étude indiquent que l'analyse protéomique peut fournir des indications supplémentaires sur la dégradation de la subérine au cours de l'interaction *S. scabiei-Solanum tuberosum*.

Les travaux effectués sont présentés à la section 2.1 constitués de l'article écrit par D. Komeil, R. Padilla-Reynaud, A.-M. Simao-Beaunoir et C. Beaulieu et qui s'intitule **« Comparative analysis of *Streptomyces scabiei* secretome from culture media supplemented or not with potato suberin »**.

J'ai préparé les cultures de *S. scabiei* souche EF-35, extrait, purifié et dosé les protéines extracellulaires du milieu contenant de la subérine, qui ont ensuite été soumises à une électrophorèse. Le dosage de l'activité xylanase, cellulase et lichéninase a été fait par Rebeca Padilla-Reynaud, de même que la purification et l'électrophorèse des protéines des milieux supplémentés de caséine. Le séquençage des protéines a été fait à la plate-forme de protéomique du Centre de génomique de Québec. L'analyse informatique des protéines a été faite en collaboration avec la D^{re} Simao-Beaunoir. J'ai rédigé cet article dont les travaux correspondants ont été supervisés par la D^{re} Simao-Beaunoir et la D^{re} Beaulieu.

Comparative analysis of *Streptomyces scabiei* secretome from culture media supplemented or not with potato suberin

Doaa Komeil[1,2], Rebeca Padilla-Reynaud[1], Anne-Marie Simao-Beaunoir[1] and Carole Beaulieu[1]

[1]Centre SÈVE, Département de biologie, Faculté des sciences, Université de Sherbrooke, Québec, Canada, J1K 2R1.

[2]Department of Plant Pathology, Faculty of Agriculture, University of Alexandria, El-Shatby 21545, Egypt

Doaa.Komeil@USherbrooke.ca

Rebeca.Padilla-Reynaud@USherbrooke.ca

Anne-Marie.Simao@USherbrooke.ca

Carole.Beaulieu@USherbrooke.ca

Corresponding author:

Dr. Carole Beaulieu

Centre SÈVE, Département de biologie, Université de Sherbrooke,

Sherbrooke, Québec, Canada, J1K 2R1.

Phone: 819-821-8000 ext. 62997

Fax: 819-821-8049

E-mail: Carole.Beaulieu@USherbrooke.ca

Abstract

Streptomyces scabiei causes common scab, an economically important disease of potato tubers. In the present study, the effect of suberin, a lipidic polymer covering potato tuber, on the extracellular protein profile of *S. scabiei* EF-35 has been analyzed. A global detection and extracellular protein identification from supernatants of *S. scabiei* EF-35 grown in the presence of suberin, casein and both carbon sources were compared using proteomics approaches. Only 22 proteins were found to be common in the three tested media, whereas 51 proteins were detected in medium containing suberin as a sole carbon source. Although the majority of the identified sequences were extracellular proteins, an important percentage of the identified sequences shared homology with known intracellular proteins such as ribosomal proteins as well as putative superoxide dismutase and putative dihydrolipoamide dehydrogenase which are known as virulent proteins. All proteins of the lipid metabolism class, including esterase-lipase family protein, endoglycosylceramidase, cholesterol esterase, glycerophosphoryl diester phosphodiesterase, sphingolipid ceramide N-deacylase, have been detected in suberin containing media. In addition, proteins involved in carbohydrate transport and metabolism were overproduced in suberin containing media. Thus, the most abundant proteins detected in presence of suberin are stress proteins, xylanases, cellulases and licheninases. This work indicates that, proteomics-based analyses can provide additional insights into suberin degradation during the *S. scabiei-Solanum tuberosum* interaction.

Introduction

Proteomics study is one of the most powerful methods to evaluate the final result of gene expression. Up to now, this technique has been successfully applied to analyze both intracellular proteins and secretome of several microorganisms including plant pathogens (González-Fernández *et al.*, 2010; Knief *et al.*, 2011). Both proteome (Lauzier *et al.*, 2008) and secretome (Joshi *et al.*, 2010) of the plant pathogenic bacteria *Streptomyces scabiei* have been analyzed. This pathogen is the predominant causal organism of common scab on potato tuber (Lambert and Loria, 1989) and causes economic losses for growers in Canada (Hill and Lazarovits, 2005) and in most potato growing-areas (Wanner, 2009). The disease is characterized by shallow, raised, or deep-pitted corky-like lesions on tuber surface (Loria *et al.*, 1997). *S. scabiei* produces toxins called thaxtomins that cause hypertrophy (Loria *et al.*, 1995) and cell death (Duval *et al.*, 2005). These toxins are essential for pathogenicity (Loria *et al.*, 2008).

The thaxtomin biosynthetic genes are expressed during secondary metabolism in the presence of compounds associated with tuber cell walls: cellobiose and suberin (Lerat *et al.*, 2010). Intercellular proteome of *S. scabiei* grown with or without suberin were compared (Lauzier *et al.*, 2008). Addition of the plant polymer in the growth media up-regulated proteins related to the stress response and activated glycolysis and morphological differentiation. Suberin also appeared to influence secondary metabolism as it caused the overproduction of the BldK proteins that are known to be involved in differentiation and secondary metabolism (Lauzier *et al.*, 2008). Suberin is likewise known to promote differentiation and secondary metabolism in different *Streptomyces* species (Lerat *et al.*, 2012).

Suberin is the main constituent of potato skin. This polymer is composed of two spatially distinct but covalently-linked domains; the poly(phenolic) domain embedded in the primary cell wall, and the poly(aliphatic) domain (Bernards, 2002; Kolattukudy, 2001; Pollard *et al.*, 2008). Suberin lamellae, are known to be located between the cell wall and plasma membrane (Bernards, 2002). The polyaromatic domain is a lignin-like structure

81

that mostly contains hydroxycinnamic acids, mainly ferulic acid (Bernards and Razem, 2001; Yan and Stark, 2000). The aliphatic suberin is mainly composed of ω-hydroxyacids, α,ω-diacids, fatty acids, primary alcohols, and glycerol (Graça and Pereira, 2000; Schreiber *et al.*, 2005).

Suberin is known to be one of the most recalcitrant plant molecular structures in nature (Rasse *et al.*, 2005) and microbial degradation of suberin is a process that is poorly characterized. Suberinases are polyesterases produced by a number of fungi that can depolymerize, at least partially, the lipidic polymer (Kontkanen *et al.*, 2009). Some authors suggest that *S. scabiei* can also produce suberin-degrading esterases (Beauséjour *et al.*, 1999; McQueen and Schottel, 1987). The purpose of this study is an attempt to identify enzymes that could be involved in suberin degradation. *S. scabiei* EF-35 was thus grown in culture media containing suberin or casein as the sole carbon source or in a medium containing both substrates, the secretome associated with these conditions were then compared. Enzymes involved in polysaccharide catabolism were up-regulated in the presence of suberin while enzymes related to lipid metabolism were only found in suberin-containing media.

Materials and Methods

Bacteria, growth conditions and inoculation. The pathogenic *Streptomyces scabiei* EF-35 was isolated from a common scab lesion on a potato tuber in Canada (Faucher *et al.*, 1992). Bacterial inocula were prepared as follows. About 10^8 spores were added to 50 mL of tryptic soy broth (TSB, Difco Laboratories, Detroit, MI) and incubated with shaking (250 rpm) for 48 h at 30°C. The bacterial culture was then centrifuged (2,500 g) for 5 min and the supernatant discarded. The bacterial inoculum was obtained by resuspending the pellet in 2 volumes of minimal medium (MM) composed of 0.5 g.L^{-1} NH$_4$SO$_2$, 0.5 g.L^{-1} K$_2$HPO$_4$, 0.2 g.L^{-1} MgSO$_4$.7H$_2$O and 10 mg.L^{-1} Fe$_3$SO$_4$. In all experiments, an inoculum of 250 µL was transferred to 100 mL MM supplemented with 0.2 % suberin, 0.05 % casein (Sigma-Aldrich), 0.5 % xylan (Sigma-Aldrich), 0.5 %

carboxymethylcellulose (Sigma-Aldrich), 0.5 % lichenin (Sigma-Aldrich) or with two of these carbon sources. Suberin was extracted from potato tubers according to Kolattukudy and Agrawal (1974). Briefly, potato tubers were sliced and boiled for 20 min. The skin rich in suberin was removed and flesh was roughly scraped away. The peel was then rinsed with tap water and residual flesh was digested overnight with cellulase (5 g.L^{-1}) and pectinase (1 g.L^{-1}) in 50 mM acetate buffer (pH 4.0). The peel was rinsed again with chloroform:methanol (2:1) and suberin purification was achieved using a Soxhlet extractor with chloroform as a solvent. Finally, suberin was dried and ground for 15 s in a coffee blender. All media were incubated with shaking (250 rpm) during 5 days at 30°C.

Extracellular protein quantification and extraction The protein concentration of *S. scabiei* culture supernatant samples was measured according to Bradford (1974) with bovine serum albumin as standard. The absorbance of the solution was measured at 595 nm after 5 min of incubation at room temperature. A standard curve, established with known concentrations of bovine serum albumin, was used to determine the protein concentration of the experimental samples.

Extracellular proteins were recovered by centrifuging the bacterial cultures (2,500 g) for 15 min at 4°C. Supernatants were concentrated to a final volume of 500 µL using Amicon® Ultra-15 Centrifugal Filters-10K and 5 volumes of 100 % pre-chilled acetone were added. After 3 h of incubation at -20°C, proteins were recovered by centrifugation (14,000 g, 20 min, 4°C). Protein pellets were air dried and resuspended in 200 µL of a buffer composed of 8 M urea, 2 % (w/v) CHAPS, 2 % (v/v) IPG buffer pH 4-7 (GE healthcare, Niskayuna, NY), 18.15 mM DTT and 0.002 % bromophenol blue stock solution in 50 mM TRIS-base. A centrifugation (14,000 g) was then carried out for 5 min at 4°C to remove insoluble material. Protein concentration of recovered supernatants was determined using a 2-D Quant Kit (GE healthcare, Niskayuna, NY) according to the manufacturer's instructions. The protein solutions were stored at -20°C until further analysis.

Enzymatic assays. Cellulase, licheninase and xylanase activities in *S. scabiei* culture supernatants were determined according to Lever (1972). Briefly, each supernatant sample (100 µL) was added to 400 µL of 0.1 % (w/v) of carboxymethylcellulose (CMC) or 0.1 % (w/v) xylan or 0.1 % (w/v) lichenin and the mixtures were incubated at 50°C for 30 min. The enzymatic reaction was stopped by adding 1 mL of PAHBAH solution (NaOH 5 M, trisodium citrate 0.5 M, Na SO_3 1 M, $CaCl_2$ 0.2 M and 10 g.L^{-1} of p-hydroxy benzoic acid hydrazide). The mixture was boiled for 30 min to allow color development. The vials were then placed on ice for 5 min. Insoluble material was discarded by centrifugation (14,000 *g*, 5 min). The same procedure was carried out for the blank control samples, but PAHBAH solution was added to the supernatant sample before the incubation at 50°C. The optical density (OD) of each test and blank samples was determined at 405 nm with a spectrophotometer (Ultrospec 3000-Biochrom). One unit of enzyme activity was defined as the amount of enzyme releasing 1 µmol of reducing sugar per min.

One-dimensional gel electrophoresis. Extracellular proteins were subjected to sodium dodecyl sulfate-polyacrylamide gel electrophoresis [10 % SDS-PAGE] (Sambrook and Russell, 2001). Each protein sample consisted of 33 µg of proteins and 15 µL of loading buffer (0.5 M TRIS HCl, pH 6.8, 50 % [*v/v*] glycerol, 10 % [*w/v*] SDS, 5 % [*v/v*] β-mercaptoethanol, and 0.05 % [*w/v*] bromophenol blue) in a 75 µL final volume. The proteins were denatured by incubating the samples at 100 °C for 5 min before the electrophoresis. Electrophoresis was carried out in a BioRad Mini Protean® Tetra Cell at 100 V for 60 min using a 3-(N-morpholino) propanesulfonic acid (MOPS) running buffer containing 50 mM MOPS (Bio-Rad, Sydney, Australia), 50 mM Tris, 0.1 % SDS, and 0.03 % (*w/v*) EDTA. Protein molecular weight markers were purchased from PageRuler™ Prestained Protein Ladder-Fermentas. Proteins were stained with Coomassie brilliant blue R-250 (Bio-Rad) (Sambrook and Russell, 2001). Horizontal slices were cut across the SDS-PAGE gel and these slices were pooled into three groups according to protein band intensity (low to high intensity).

In-gel digestion of protein and mass spectrometry. In-gel digests and mass spectrometry were carried out at the Proteomics Platform of the Eastern Quebec Genomics Center (Quebec City, Canada). Proteins were in-gel digested with trypsin using a MassPrep liquid handling robot (Waters, Milford, MA) according to Shevchenko *et al.* (1996) with the modifications suggested by Havliš *et al.* (2003). Briefly, the excised slices were destained in a solution containing 50 µL of 50 mM ammonium bicarbonate and 50 µL acetonitrile, washed once with 50 µL of 100 mM ammonium bicarbonate and then dehydrated with 50 µL of acetonitrile. The proteins were in-gel reduced with 10 mM DTT for 30 min at 37°C and alkylated with 55 mM iodoacetamide for 30 min at room temperature. Protein digestion was performed using 105 mM of sequencing grade modified porcine trypsin (Promega, Madison, WI) at 58°C for 1 h. The digested proteins were extracted twice, first with a mixture of 1 % formic acid and 2 % acetonitrile and then with a mixture of 1 % formic acid and 50 % acetonitrile. The recovered peptide extracts were pooled, dried in a vacuum centrifuge and resuspended in 5 µL of 0.1 % formic acid.

The sampless were performed on a Thermo Surveyor MS pump connected to a LTQ linear ion trap mass spectrometer (Thermo Electron, San Jose, CA, USA) equipped with a nanoelectrospray ion source (Thermo Electron, San Jose, CA, USA). Peptide separation took place within a PicoFrit column BioBasic C18, 10 cm x 0.075 mm internal diameter (New Objective, Woburn, MA, USA) with a linear gradient from 2 % to 50 % solvent B (acetonitrile, 0.1 % formic acid) in 30 min, at 200 nl/min. Mass spectra were acquired using data-dependent acquisition mode (Xcalibure software, version 2.0). Each full-scan mass spectrum (400-2000 m/z) was followed by collisioninduced dissociation of the seven most intense ions.The dynamic exclusion function was enabled (30 s exclusion), and the relative collisional fragmentation energy was set to 35 %.

Interpretation of tandem MS spectra. All MS/MS spectra were analysed for peptide identification using Mascot (Matrix Science, London, UK; version 2.2.0). Mascot was set up to search the *Streptomyces* Uniref100 database assuming the digestion of the enzyme trypsin. Mascot was searched with a fragment ion mass tolerance of 0.50 Da and a parent

85

ion tolerance of 2.0 Da. The following search criteria were used: two missed cleavages were allowed, iodoacetamide derivative of cysteine was specified as a fixed modification and oxidation of methionine was specified as a variable modification. Peptide tolerance was 2.0 Da for the precursor and 0.5 Da for MS/MS. Score Mascot corresponded to $10 \times \log(P)$, where P is the probability that the observed match with a given MS/MS spectra is a random event.

Criteria for protein identification. Data were queried against a *S. scabiei* 87-22 database. The search results were uploaded into the scaffold software program and a filter was set with a 99 % minimum protein ID probability and with a minimum number of 2 unique peptides by protein in which the cutoffs for peptide thresholds were 90 %. Identified proteins were re-annotated. Homology searches were performed against sequence databases such as GenBank, and protein-domain/family databases as Pfam. The program PRIAM (Claudel-Renard *et al.,* 2003), the CAZy database (Cantarel *et al.,* 2009) and the KEGG resources (Kanehisa *et al.,* 2004) were used to predict enzyme function. Cellular localization of the proteins was predicted by Phobius, SignalP, SecretomeP, TatP or Tatfind analysis.

A normalised spectral abundance factor (NSAF) was calculated for each protein which met the filtering criteria described above. The NSAF takes into account the length of the protein (Lp) and the number of spectral counts (SpC). The value SpC/Lp of each protein in a medium was normalised by being divided by the sum of all SpC/Lp for all proteins found in the same medium (Neilson *et al.,* 2011).

Results and discussion

Comparative analysis of *S. scabiei* EF-35 secretome in different culture media. A previous proteomic study has allowed the identification in *S. scabiei* EF-35 of soluble that are differentially produced in the presence of suberin (Lauzier *et al.,* 2008). Futhermore, the twin arginine protein transport pathway secretome of another *S. scabiei* strain has been characterized in four different culture media (Instant potato mash medium, soy-flour mannitol medium, R5 medium or oat bran medium) (Joshi *et al.*, 2010). In the present study, the effect of suberin, a lipidic polymer which covers the potato tuber, on the extracellular protein profile of *S. scabiei* EF-35 has been analyzed. Extracellular protein profiles of supernatants from *S. scabiei* EF-35 grown in the presence of suberin, casein or both carbon sources were compared. The proteins were fractioned by one-dimensional electrophoresis and analyzed by LC-MS/MS. As demonstrated by Prieto *et al.* (2008), fractionation of the secretome could increase the overall number of identified proteins by about 30%.

A total of 407 different proteins were found in at least one of the media tested [casein medium (CM), suberin medium (SM) or casein-suberin medium (CSM)] and 158 proteins met the filtering criteria described in the Material and Methods section. Only 25 of these 158 proteins were detected in the proteomic study of Joshi *et al.* (2010) who analyzed the TAT secretome of *S. scabiei* 87-22 grown in four different culture media indicating that extracellular protein profiles are greatly influenced by the growth media (Joshi *et al.*, 2010).

The Bradford protein assay estimated protein concentrations at 20.0±4.1, 46.7±2.3 and 108.9±5.9 µg.mL^{-1} in CM, CSM and SM supernatants, respectively. The high production of extracellular proteins in the presence of suberin may reflect the recalcitrant nature of these plant molecular structure (Rasse *et al.*, 2005). Because of the recalcitrance of plant cell walls, some microorganisms secrete up to 50 % of their total protein during growth on this substrate (Wilson, 2011). Although the amount of proteins was higher in SM, the protein diversity was lower in this medium. Only 51 different proteins were detected in the medium containing suberin as sole carbon source while the number of identified protein was 91 and 113 for CM and CSM, respectively (Fig. 2.1).

As expected, the majority of the proteins (79.7 %) found in the supernatants were predicted to have extracellular localisation by SignalP, SecretomeP, TatFind or TatP analysis but 32 proteins were however identified as intracellular proteins. Although we

87

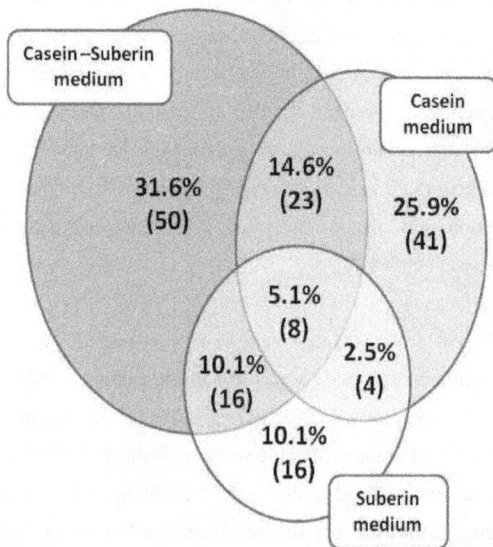

Figure 2.1. Number and proportion of extracellular proteins of *S. scabiei* EF-35 associated with the casein-suberin medium, the casein medium and the suberin medium. Circle surface is proportional to the number of different protein of a culture medium.

cannot exclude secretome contamination by lysed cells intracellular contaminants released into the culture media, some proteomic studies have shown that typical cytosolic proteins might be exported to the extracellular space (Alexander Watt *et al.*, 2005; Lee *et al.*, 2009; Meneses *et al.*, 2010). Among the predicted intracellular proteins, 5 ribosomal proteins (Table 2.1) were found in CSM supernatant in a non-negligible abundance (NSAF between 0.23 and 0.92 %). A comparative analysis of *Rhizobium etli* secretome in exponential and stationary growth phases showed that a large number of ribosomal proteins found in the secretome were associated with the exponential phase (Meneses *et al.*, 2010), suggesting that the presence of ribosomal proteins in the supernatant did not result from cellular lysis. In this study, extracellular proteins were recovered from 5-day-old cultures, in stationary growth phase, but the CSM was the one that contained the highest carbon level (casein and suberin), a difference which could thus induce extracellular localization of ribosomal proteins.

It is noteworthy that two predicted intracellular enzymes present in the secretome of *S. scabiei* EF-35 [putative superoxide dismutase (C9Z7C8) and putative dihydrolipoamide dehydrogenase (C9ZGW6)] may play a role in the virulence of the bacteria. Indeed, some studies have demonstrated that proteins with these enzymatic activities are virulence factors for plant pathogenic bacteria such as *Erwinia chrysanthemi* and *Agrobacterium* (Banerjee *et al.*, 1982), as well as for animal pathogens such as *Mycobacterium tuberculosis* and *Streptococcus pneumoniae* (Rajashankar *et al.*, 2005; Smith *et al.*, 2002).

The identified proteins have been divided into 13 classes corresponding to the functional groups defined by the COG classification (Tatusov *et al.*, 1997) (Fig. 2.2 and Tables 2.1 and 2.2). As reported in other proteomic studies (Joshi *et al.*, 2010; Lauzier *et al.*, 2008), a non-negligible number of proteins has unknown function.

While 107 out of 158 proteins were restricted to a specific medium, others were found in at least two culture media. The number of proteins solely detected in CSM, CM and SM are 50, 41 and 16, respectively (Fig. 2.1). The relatively high number of proteins specifically associated with the CSM was unexpected since the medium contained a carbon source also available in one of the two other media used. Except for ribosomal proteins, most of these specific proteins are also found in the SM at earlier stages of growth (unpublished results). Table 2.1 thus presents the list of identified proteins specifically produced in the presence of suberin (suberin-specific proteins) while Table 2.2 presents the lists of proteins produced in casein only or that were found in both CM and CSM (non suberin-specific proteins).

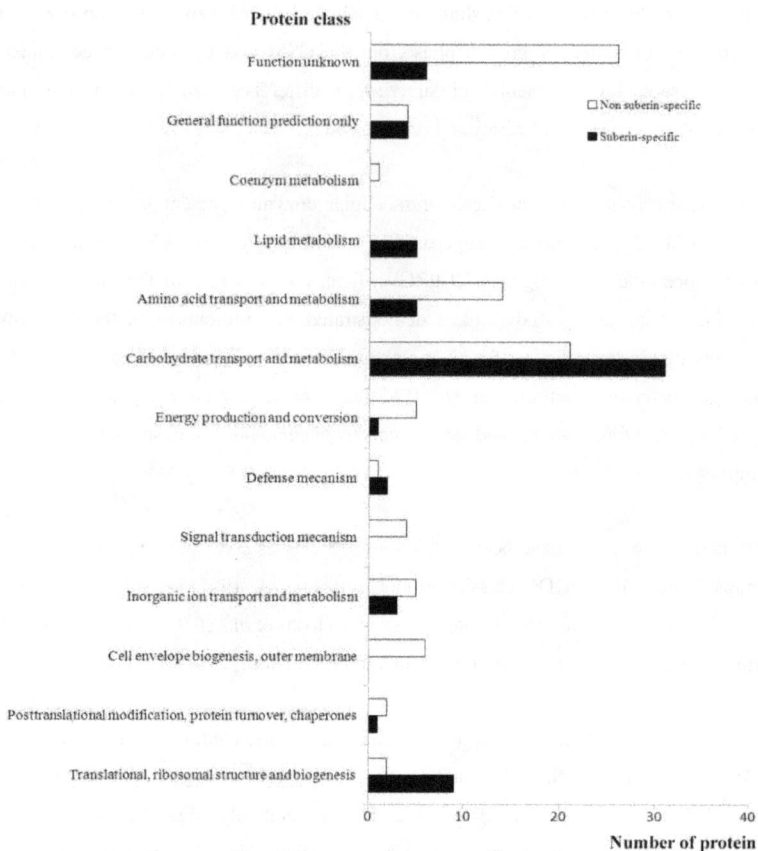

Figure 2.2. Functional classification of *S. scabiei* EF-35 extracellular proteins. Black and white bars represent the number of suberin-specific and non suberin-specific proteins, respectively.

Table 2.1. Proteins specifically produced by *S. scabiei* EF-35 in the presence of suberin.

Uniprot accession number	Corresponding gene in *S. scabiei* 87-22	Putative function	Predictive cellular localization	CAZy category	NSAF[1] (%) CSM[2]	NSAF[1] (%) SM[3]
Information storage and processing						
Translational. ribosomal structure and biogenesis						
C9YW47	SCAB_36631	50S ribosomal protein L13	Extra		0.26	
C9YW50	SCAB_36661	50S ribosomal protein L17	Intra		0.23	
C9YW61	SCAB_36771	30S ribosomal protein S5	Intra		0.42	
C9YW68	SCAB_36841	50S ribosomal protein L14	Intra		0.65	
C9YW72	SCAB_36881	30S ribosomal protein S3	Intra		0.35	
C9YW75	SCAB_36911	50S ribosomal protein L2	Extra		1.05	
C9YW77	SCAB_36931	50S ribosomal protein L4	Intra		0.92	
C9Z316	SCAB_73401	tRNA (adenine-N(1)-)-methyltransferase	Intra		0.19	
C9Z656	SCAB_75031	30S ribosomal protein S4	Extra		1.05	
Cellular processes						
Post translational modification. protein turnover. chaperones						
C9YYJ3	SCAB_84021	Carbamoyltransferase	Intra		0.17	
Inorganic ion transport and metabolism						
C9ZH91	SCAB_66141	Alkaline phosphatase	Extra		0.07	
C9YVE4	SCAB_68191	Alkaline phosphatase	Extra		0.11	
C9ZB70	SCAB_77971	Alkaline phosphatase	Extra		0.07	
Defense mechanism						
C9Z785	SCAB_44161	Beta-lactamase	Intra		0.19	
C9Z043	SCAB_84821	Beta-lactamase	Extra		0.07	
Metabolisim						
Energy production and conversion						
C9ZGW6	SCAB_34651	Dihydrolipoamide dehydrogenase	Intra		0.26	
Carbohydrate transport et metabolism						
C9ZBE6	SCAB_0631	Alpha-L-fucosidase	Extra	CBM13; GH29	0.20	
C9YVN4	SCAB_5861	Carbohydrate esterase	Extra	CE1	0.21	
C9YVP5	SCAB_5981	Cellulase B	Extra	CBM2; GH12	D[4]	0.20
C9YVP9	SCAB_6021	Endo beta-1.4-xylanase	Extra	GH10	D	0.71

91

Table 2.1. Proteins specifically produced by *S. scabiei* EF-35 in the presence of suberin
(continued)

Uniprot accession number	Corresponding gene in *S. scabiei* 87-22	Putative function	Predictive cellular localization	CAZy category	NSAF[1] (%) CSM[2]	SM[3]
C9YX59	SCAB_6471	Alpha-L-fucosidase	Extra	CBM13; GH29	0.08	
C9Z1T6	SCAB_9291	Lactonase	Extra		0.29	
C9Z1U5	SCAB_9381	Exo-alpha-sialidase	Extra		0.29	D
C9Z885	SCAB_13561	Glycosyl hydrolase	Extra			0.55
C9ZEQ0	SCAB_17011	Cellulase	Extra	CBM2; GH48	0.52	3.16
C9ZEQ1	SCAB_17021	Cellulase	Extra	CBM2; GH74	0.52	7.30
C9Z271	SCAB_25571	Glycosyl hydrolase	Extra	GH12	0.16	
C9YW88	SCAB_37051	Cellulase/xylanase	Extra	GH10	0.21	0.28
C9Z725	SCAB_43531	Polysaccharide lyase	Extra	CBM35; PL9		0.80
C9Z737	SCAB_43661	Galactan endo-1.6-beta-galactosidase	Extra	CBM13; GH30	0.14	
C9Z7A0	SCAB_44311	Alpha-galactosidase	Extra	CBM13; CBM35; GH27	0.09	0.79
C9YTK2	SCAB_51081	Cellulase	Extra	CBM2; GH5	0.74	0.29
C9Z2N2	SCAB_57161	Endo-beta-1.6-galactanase	Extra	GH30	0.26	
C9Z451	SCAB_57751	Cellobiose-binding transport system associated	Extra		0.09	
C9ZFW2	SCAB_66021	Beta-xylosidase	Extra	CBM13; GH43	0.23	
C9Z2V1	SCAB_72711	Endo beta-1.4-xylanase	Extra	GH11	D	1.71
C9Z2V2	SCAB_72721	Acetyl-xylan esterase	Extra	CE4		0.81
C9Z2W0	SCAB_72801	Glycosyl hydrolase	Extra		0.73	
C9Z623	SCAB_74681	Licheninase	Extra		0.29	2.00
C9ZAZ8	SCAB_77201	Glycosyl hydrolase	Extra	GH NC; GH43	1.13	
C9ZB17	SCAB_77391	Cellulose 1.4-beta-cellobiosidase	Extra		0.05	
C9ZE74	SCAB_79011	Acetyl-xylan estérase	Extra	CE2	0.10	
C9ZE94	SCAB_79241	Arabinofuranosidase	Extra	CBM13; GH62	0.16	
C9YU29	SCAB_82021	Beta-mannosidase	Extra	CBM2; GH5	0.40	1.27
C9YU66	SCAB_82411	Pectate lyase	Extra	PL3	0.94	0.57
C9YU67	SCAB_82421	Pectate lyase	Extra	PL1		1.68
C9Z9L6	SCAB_90091	Cellulase	Extra	CBM2; GH48	0.87	1.56

Table 2.1. Proteins specifically produced by *S. scabiei* EF-35 in the presence of suberin
(continued)

Uniprot accession number	Corresponding gene in *S. scabiei* 87-22	Putative function	Predictive cellular localization	CAZy category	NSAF[1] (%)	
					CSM[2]	SM[3]
Amino acid transport and metabolism						
C9YVT3	SCAB_6381	Extracellular small neutral protease	Extra			0.41
C9ZGG7	SCAB_18081	Gamma-glutamyltranspeptidase	Extra		0.35	
C9Z6V3	SCAB_27921	Neutral zinc metalloprotease	Extra			0.22
C9ZGP4	SCAB_33911	Zinc-binding carboxypeptidase	Extra			1.09
C9ZAW6	SCAB_62471	Aminopeptidase	Extra		0.20	D
Lipid metabolism						
C9Z0A6	SCAB_8561	Endoglycosylceramidase	Extra	GH5		0.11
C9Z6Y6	SCAB_28271	Cholesterol estérase	Extra		0.18	0.34
C9YTK3	SCAB_51091	Esterase-lipase family protein	Extra		0.11	
C9Z5Z2	SCAB_74351	Glycerophosphoryl diester phosphodiesterase	Extra		0.49	
C9ZCR0	SCAB_78851	Sphingolipid ceramide N-deacylase	Extra	CBM32	0.17	
Poorly characterized						
General function prediction only						
C9YU91	SCAB_4601	Non-heme chloroperoxidase	Intra			0.52
C9Z862	SCAB_13321	X-prolyl-dipeptidyl aminopeptidase	Extra		0.24	
C9Z871	SCAB_13411	Oxidoreductase	Extra		0.23	
C9ZE96	SCAB_79261	Feruloyl esterase	Extra	CBM13; CE1	0.18	2.83
C9YVL7	SCAB_5681	Secreted protein	Extra		0.17	
Function unknown						
C9YVL7	SCAB_5681	Secreted protein	Extra		0.17	
C9Z6Q2	SCAB_12841	Periplasmic protein	Extra		0.41	D
C9YUN3	SCAB_20171	Secreted protein	Extra			2.82
C9YVU0	SCAB_20641	Secreted protein Phosphoesterase PHP domain-containing	Extra		0.13	
C9YV55	SCAB_52141	protein	Intra		0.07	
C9YU00	SCAB_81721	lipoprotein	Extra			1.16

[1]*NSAF: Normalised spectral abundance factor*   [2]*CSM: Casein-Suberin Medium*   [3]*SM: Suberin Medium*
[4]*D: Detected peptides of the corresponding protein were detected but do not passed through the filtering criteria described in Materials and Methods.*

Table 2.2. Proteins not specifically produced or overproduced by *S. scabiei* EF-35 in the presence of suberin.

Uniprot accession number	Gene name	Putative function	Predictive cellular localization	CAZy category	NSAF[1](%) CSM[2]	CM[3]	SM[4]
Information storage and processing							
Translational, ribosomal structure and biogenesis							
C9Z240	SCAB_25251	Polyribonucleotide nucleotidyltransferase	Intra		0.21	D[5]	
C9Z3N7	SCAB_25991	Ribosome-recycling factor	Intra			0.50	
Cellular processes							
Post translational modification, protein turnover, chaperones							
C9Z5G9	SCAB_42541	Chaperone protein DnaK 2	Intra			0.16	
C9ZAJ2	SCAB_45651	Peptidyl-prolyl cis-trans isomerase	Intra			0.37	
Cell envelope biogenesis, outer membrane							
C9Z0D2	SCAB_08831	Polypeptide N-acetylgalactosaminyltransferase	Intra	CBM13		0.11	
C9ZD55	SCAB_16481	Membrane protein	Extra			0.31	
C9YT92	SCAB_34981	Lipoporter	Extra		0.57	1.51	
C9YXT6	SCAB_37811	Membrane protein	Extra			0.53	
C9YY36	SCAB_54431	Cell wall catabolism protein	Extra	CBM50; GH23		0.58	
C9YWP7	SCAB_69011	Lytic transglycosylase	Extra	GH23	0.13	0.28	
Inorganic ion transport and metabolism							
C9YUK3	SCAB_19841	Aliphatic sulfonate ABC transporter substrate-binding protein	Extra			0.63	
C9ZFJ5	SCAB_49311	High-affinity phosphate-binding protein	Extra		0.81	11.48	
C9Z473	SCAB_57981	Protein DesF, iron transport system	Extra			0.57	
C9Z7C8	SCAB_59731	Superoxide dismutase	Intra		0.26	0.44	
C9ZAS1	SCAB_61981	ABC-transporter metal-binding lipoprotein	Extra			0.31	
Signal transduction mechanism							
C9ZH47	SCAB_50261	TerD-like stress protein	Intra		7.37	3.85	
C9ZE07	SCAB_64331	TerD-like stress protein	Intra		1.79	[¹/	6.01
C9ZE08	SCAB_64341	TerD-like stress protein	Intra		0.63	D	D
C9ZHS9	SCAB_81661	TerD-like stress protein	Intra		30.87	12.41	21.13
Defense mecanism							
C9Z160	SCAB_56441	Protease	Extra			0.08	

Table 2.2. Proteins not specifically produced or overproduced by *S. scabiei* EF-35 in the presence of suberin *(continued)*.

Uniprot accession number	Gene name	Putative function	Predictive cellular localization	CAZy category	NSAF[(1)](%) CSM[(2)]	CM[(3)]	SM[(4)]
Metabolism							
Energy production and conversion							
C9Z8E8	SCAB_28761	ATP synthase subunit beta	Intra		0.41	0.40	
C9Z8F0	SCAB_28781	ATP synthase subunit alpha	Intra		0.39	0.30	
C9YTG2	SCAB_35681	Malate dehydrogenase	Intra			0.30	
C9YTR7	SCAB_67061	Dihydrolipoyl dehydrogenase	Intra		4.34	2.71	
C9ZE86	SCAB_79151	Cytokinin dehydrogenase	Extra		0.36	0.20	0.22
Carbohydrate transport et metabolism							
C9YUG2	SCAB_05351	ABC-type sugar transport system protein	Extra		0.24	0.80	
C9Z507	SCAB_11431	Glycosyl hydrolase	Extra	GH43	0.47	0.38	
C9ZD50	SCAB_16431	Cellulase	Extra	GH6	D	0.41	0.57
C9ZD59	SCAB_16521	Arabinofuranosidase	Extra	CBM42; GH43	0.80	0.28	
C9ZEP9	SCAB_17001	Cellulase	Extra	CBM2; GH6	1.30	D	12.67
C9YUL1	SCAB_19941	Arabinofuranosidase	Extra	CBM42; GH43	D	0.13	
C9YVX8	SCAB_21021	Xylose ABC transporter substrate-binding protein	Extra		D	1.29	D
C9YYV2	SCAB_22931	Arabinofuranosidase	Extra	CBM13; GH62	0.41	0.21	
C9YYV4	SCAB_22951	Acetyl-xylan esterase	Extra	CBM13; CE3		D	0.20
C9Z8E5	SCAB_28731	Chitinase C	Extra	CBM2; GH18	0.63	0.33	D
C9YUZ2	SCAB_36371	Xylanase/cellulase	Extra	CBM2; GH10	1.07	D	3.80
C9Z5L1	SCAB_42951	Glucose / Sorbosone dehydrogenase	Extra		0.63	0.26	2.52
C9ZDW4	SCAB_63891	ABC-type xylose transport system, periplasmic	Extra		0.11	2.10	
C9ZFW3	SCAB_66031	Arabinofuranosidase	Extra	CBM42; GH43	1.71	D	
C9ZB22	SCAB_77441	Alpha-arabinanase	Extra	CBM13; GH93	0.09	D	
C9ZCR4	SCAB_78891	Glycosyl hydrolase	Extra	CBM13; GH30	0.08	0.09	
C9ZE95	SCAB_79251	Xylanase A	Extra	CBM13; GH10	11.59	0.27	22.15
C9Z041	SCAB_84801	Arabinase	Extra	CBM13; GH43	0.38	0.42	

Table 2.2. Proteins not specifically produced or overproduced by *S. scabiei* EF-35 in the presence of suberin.

Uniprot accession number	Gene name	Putative function	Predictive cellular localization	CAZy category	NSAF[1](%)		
					CSM[2]	CM[3]	SM[4]
C9Z1I5	SCAB_85231	Chitinase	Extra	CBM12; GH19	D	0.33	0.73
C9Z804	SCAB_89741	Cellulose-binding protein	Extra	CBM33	0.67	D	0.35
C9Z9L7	SCAB_90101	Cellulase	Extra	CBM2; GH6	2.14	0.17	3.10
Amino acid transport and metabolism							
C9YXA8	SCAB_06971	Glycine betaine-binding lipoprotein, ABC-type transport systems	Extra		D	0.39	
C9YYQ6	SCAB_07741	Membrane protein	Extra		D	0.30	
C9Z204	SCAB_24891	Glutamate uptake system binding subunit	Extra		0.51	2.53	
C9Z5D4	SCAB_27411	Oligopeptide-binding transport system protein	Extra			0.43	
C9YXR8	SCAB_37611	Aminopeptidase	Extra		0.87	0.72	1.94
C9ZC37	SCAB_46731	Xaa-Pro aminopeptidase	Intra		0.27	D	
C9YTK4	SCAB_51101	Phosphoserine aminotransferase	Intra		0.74	0.35	
C9YZE4	SCAB_54701	Urocanate hydratase	Intra			0.12	
C9ZHG5	SCAB_66881	Glutamine synthetase	Intra		0.65	0.13	
C9YWP0	SCAB_68931	Branched-chain amino acid ABC transporter substrate-binding protein	Extra		0.83	1.22	
C9YZP9	SCAB_70761	Solute-binding protein	Extra			1.86	
C9Z1E7	SCAB_72231	Serine protease	Extra		0.31	D	1.14
C9YU17	SCAB_81901	Peptide/nickel transport system substrate-binding protein	Extra			0.48	
C9Z9K4	SCAB_89971	Glutamate uptake system binding subunit	Extra			1.69	
Coenzyme metabolism							
C9Z1Y4	SCAB_09771	Cobalamin biosynthesis protein	Intra		0.06	D	
Poorly characterized							
General function prediction only							
C9ZG71	SCAB_03021	Esterase A	Extra		D	D	0.22
C9Z0C9	SCAB_08801	Subtilase-type protease inhibitor	Extra		D	20.98	
C9Z760	SCAB_43901	Secreted hydrolase	Extra		4.61	0.12	0.53
C9Z2V8	SCAB_72781	Penicillin acylase	Extra		0.17	0.07	D

Table 2.2. Proteins not specifically produced or overproduced by *S. scabiei* EF-35 in the presence of suberin *(continued)*

Uniprot accession number	Gene name	Putative function	Predictive cellular localization	CAZy category	NSAF[(1)](%) CSM[(2)]	CM[(3)]	SM[(4)]
Function unknown							
C9ZBE2	SCAB_00601	Secreted protein	Extra		D	0.15	
C9YVL6	SCAB_05671	Secreted protein	Extra		D	0.18	
C9Z074	SCAB_08221	Uncharacterized protein	Extra			0.10	
C9Z516	SCAB_11521	Lipoprotein	Extra			0.93	
C9ZBK5	SCAB_15581	Phosphoesterase PHP domain-containing protein	Intra		0.21	D	
C9ZGH2	SCAB_18141	Secreted protein	Extra		0.20	D	0.12
C9Z3S4	SCAB_26361	Membrane-anchored protein	Extra			0.72	
C9ZF82	SCAB_33691	Transglycosylase domain-containing protein	Extra			3.65	
C9ZGQ1	SCAB_33981	Secreted protein	Extra		D	0.90	6.75
C9ZGR1	SCAB_34081	Uncharacterized protein	Extra			0.16	
C9YTD0	SCAB_35361	Secreted protein	Extra		1.28	0.87	
C9YZA8	SCAB_38901	Uncharacterized protein	Extra			0.62	
C9YZD0	SCAB_39131	Uncharacterized protein	Extra			2.36	
C9Z0X0	SCAB_40041	Lipoprotein	Extra		D	0.97	
C9Z759	SCAB_43891	Secreted protein	Extra			2.06	
C9Z7A3	SCAB_44341	Secreted protein	Extra			0.33	
C9YV41	SCAB_52001	Secreted protein	Extra			0.25	
C9YY35	SCAB_54421	Transglycosylase domain-containing protein	Extra			0.41	
C9YZK3	SCAB_55301	Lipoprotein	Extra			0.11	
C9ZDY2	SCAB_64081	Secreted protein	Extra		1.03	1.19	
C9ZHF7	SCAB_66801	Secreted protein	Extra			0.30	
C9YVH7	SCAB_68521	Integral membrane protein	Extra			0.26	
C9Z4J0	SCAB_74081	Secreted protein	Extra		0.13	D	
C9Z4K8	SCAB_74261	Secreted protein	Extra			1.70	
C9Z9C8	SCAB_76271	Uncharacterized protein	Intra			0.55	
C9Z9T4	SCAB_90811	Secreted protein	Extra		D	2.07	0.53

[(1)]*NSAF: Normalised spectral abundance factor*   [(2)]*CSM: Casein-Suberin Medium*
[(3)]*CM: Casein Medium*   [(4)]*SM: Suberin Medium*
[(5)]*D: Detected peptides of the corresponding protein were detected but do not passed through the filtering criteria described in Materials and Methods.*

Twenty-two proteins were present in all tested media but only eight met the filtering criteria for the three media: two tellurium resistance proteins (C9ZHS9 and C9ZE07), xylanase A (C9ZE95), a putative cellulase (C9Z9L7), a putative glucose/sorbosone dehydrogenase (C9Z5L1), a putative hydrolase (C9Z760), a putative oxidoreductase (C9ZE86) and a putative aminopeptidase (C9YXR8) (Table 2.2). However, total spectral counts and the relative concentration indicated that the glycoside hydrolases (C9Z9L7 and C9ZE95), the tellurium resistance protein (C9ZHS9) and the putative hydrolase (C9Z760) were overproduced in suberin-containing media (Table 2.2). In contrast, other proteins such as the putative aminopeptidase (C9YXR8) appeared to be produced in similar proportions in a wide range of culture conditions. Joshi *et al.* (2010) have also detected the protein (C9YXR8) in the culture supernatants of *S. scabiei* 87-22 grown in different culture media.

Secretome profile of *S. scabiei* grown in the presence of casein. The identified non suberin-specific proteins were classified into 12 major groups according to their function defined by the COG classification (Fig. 2.2). The most abundant proteins identified in non-specific suberin group was amino acid transport and metabolism. The number of this class appeared to be three times higher than the level of suberin specific proteins. This group of enzyme may be involved in casein metabolism. The other three classes emerged only with non-suberin specific protein were identified as cell envelope biogenesis, signal transduction mecanism and coenzyme metabolism classes. The NSAF values of proteins found in casein medium vary from 0.12 to 20.98%. The most abundant protein was subtilase-type protease inhibitor (C9Z0C9) with a NSAF of 20.28 %..

Secretome profile of S. scabiei grown in the presence of suberin: most abundant proteins. Fig. 2.3 presents the NSAF values of the most abundant proteins found in the three culture media. The most abundant protein found in suberin-containing media was a tellurium resistance protein (C9ZHS9) with a NSAF of 30.87 and 21.13 % in CSM and SM respectively (Table 2.2). Others stress proteins containing TerD domain (C9ZE07 and C9ZH47) appeared in the ten most abundant proteins detected in suberin-containing media (Fig. 2.4). The TerD domain-containing proteins were also associated with CM but were overproduced in the presence of suberin (Fig. 2.4). A previous study showed that some stress-related proteins, including a TerD domain-containing protein, were up-regulated when *S. scabiei* was grown in the presence of suberin (Lauzier *et al.*, 2008). A recent study also suggested that TerD domain-containing proteins are involved in the differentiation process of *S. coelicolor* (Sanssouci *et al.*, 2011) and suberin was shown to affect differentiation in *S. scabiei* EF-35 as well as in other streptomycetes (Lerat *et al.*, 2012).

Although polysaccharides were not added to the culture media, the next most abundant enzymes found in suberin-containing media were glycosyl hydrolases such as putative xylanases and cellulases (Fig. 2.3).

Secretome profile of *S. scabiei* grown in the presence of suberin: carbohydrate transport and metabolism. Fig. 2.4 presents the NSAF values of the proteins included in the metabolism and transport of carbohydrate class for all three media used in this study. Thirty-nine of the 87 proteins (45 %) produced or overproduced in presence of suberin were involved in carbohydrate transport and metabolism (Tables 2.1 and 2.2). They generated NSAF values between 0.05 and 22.15 % and represented an amount of relative abundance close to 27.3 and 65.9 %, in CSM and SM, respectively (Table 2.1). Twenty-four of these 39 proteins were identified as glycosyl hydrolases using CAZy classification (Tables 2.1 and 2.2). In CM, 12 identified proteins were possibly involved in carbohydrate transport and metabolism but their NSAF were lower or equal to 2.10 % and the most abundant proteins of this class (C9ZDW4, C9YVX8 and C9YUG2) were identified as proteins involved in the transport of carbohydrates rather than metabolism (Fig. 2.4).

This abundance of glycosyl hydrolases was surprising considering that culture media were not supplemented with polysaccharides. At least some of the glycosyl hydrolases

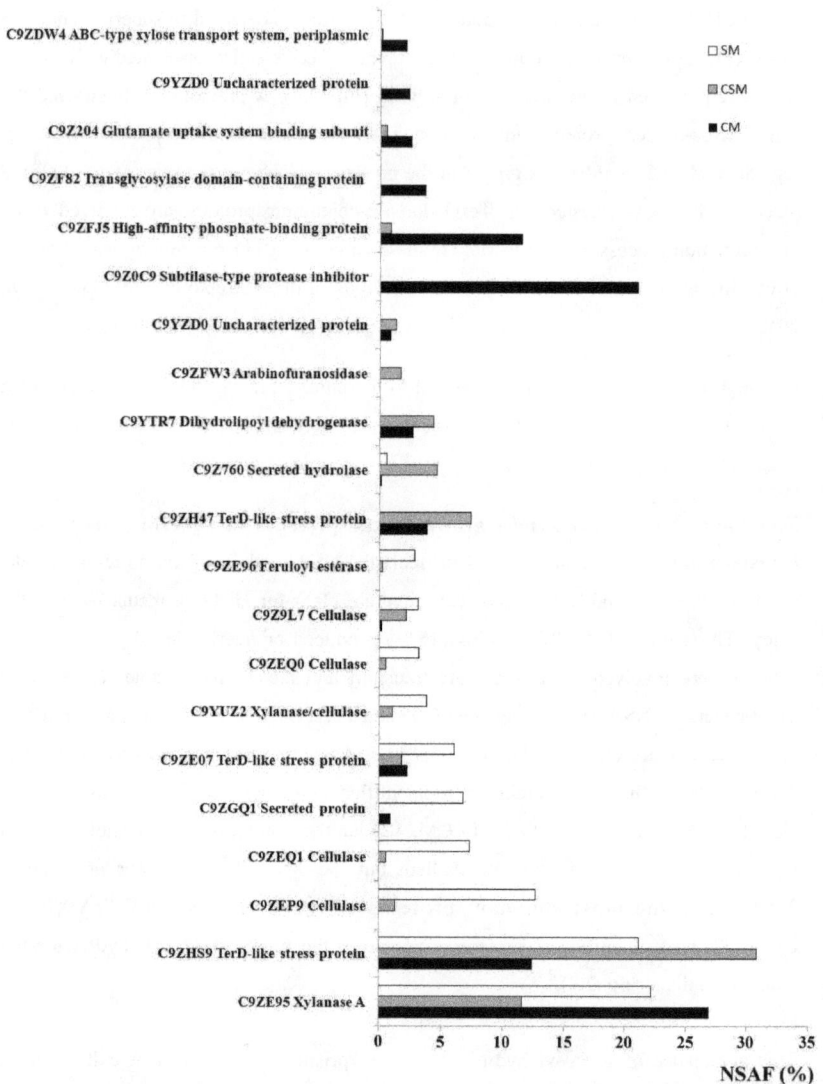

Figure 2.3. Normalised spectral abundance factor (NSAF) of the 10 most abondant proteins associated with *S. scabiei* EF-35 supernatants of casein-suberin medium, the casein medium and the suberin medium.

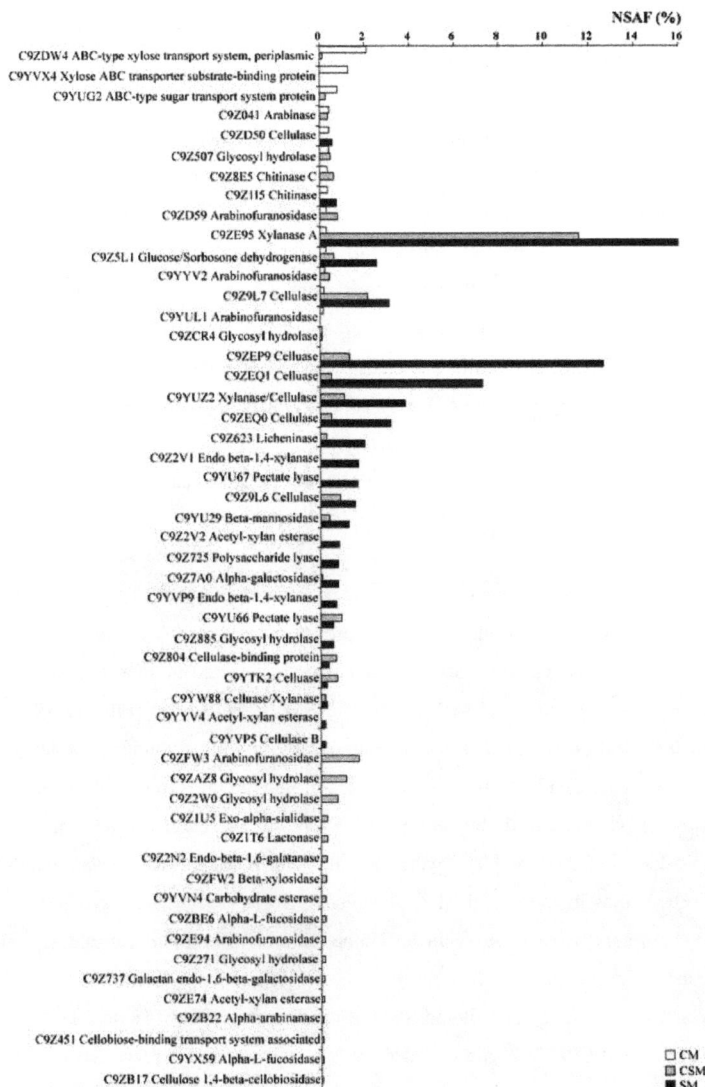

Figure 2.4 : **Normalised spectral abundance factor (NSAF) of extracellular *S.scabiei* EF-35 proteins included in the functional class metabolism and transport of carbohydrate.**

101

detected in the supernatant were active since CSM supernatants exhibited high cellulase, xylanase and licheninase activities (Table 2.3).

Production of glycosyl hydrolases in the presence of suberin may be due to the presence of sugar contaminants in suberin. The polymer is anchored in the plant cell wall and is tightly associated with other cell wall components such as polysaccharides (Bernards, 2002). Enzymatic and extractive protocols have been optimized to remove around 95 % of the unsuberized cell walls and waxes from suberized potato periderm (Stark and Garbow, 1992; Stark *et al.,* 1994; Yan and Stark, 2000). Nevertheless, cell wall polysaccharides are covalently attached to the polyester biopolymer and thus could be inaccessible to enzymes used to purify suberin (Pacchiano Jr, 1993; Wang *et al.,* 2010). When grown in the presence of suberin, the contaminating cell wall polysaccharides might be easier to break down than the aliphatic and aromatic fractions of suberin and may represent a higher carbon energy supply.

A set of enzymes involved in xylan catabolism were specific to suberin-containing medium or were overproduced in the presence of suberin. A putative xylanase A (C9ZE95) was the second most abundant protein detected in suberin-containing media (NSAF of 11.59 and 22.15 % in CSM and SM, respectively) (Fig. 2.3). The putative xylanase/cellulose (C9YUZ2) was also among the ten most abundant proteins and, like the xylanase A, C9YW88 and C9YVP9, this protein belongs to the Glycoside Hydrolase Family 10 characterized by endo-1,4-b-xylanase or endo-1,3-b-xylanase activities (Table 2.1 and 2.2). Complete hydrolysis of xylan requires many xylanolytic enzymes. These enzymes included endo-β-1,4-xylanases, β-xylosidase and enzymes which cleave side chain sugars from the xylan backbone, such as α-arabinofuranosidases and acetyl esterases. Several proteins belonging to the GH43 group (CAZy database), comprising xylosidase and α-L-arabinofuranosidase, were found in CSM (Table 2.1). Two of them (C9ZFW3 and C9ZFW2) are encoded by two adjacent genes predicted to belong to an operon (http://www.microbesonline.org/operons/gnc680198.html).

102

Table 2.3. Glycosyl hydrolases activities (+ SD) exhibited in culture supernatant of *Streptomyces scabiei* EF-35 culture when grown in casein-suberin media and casein media.

	Xylanase activity mU/ml	Cellulase activity mU/ml	Licheninase activity mU/ml
Casein-suberin media	365.65 ± 17.84	7.94 ± 0.72	38.37 ± 0.92
Casein media	0.13 ± 1.03	-0.41 ± 0.55	11.95 ± 3.07

Data are the mean of three replicates.

According to CAZy classification (Cantarel *et al.*, 2009), some of the proteins involved in carbohydrate transport and metabolism have carbohydrate binding module (CBM). They included polysaccharide lyases (C9Z725, C9YU66 and C9YU67) and carbohydrate esterases (C9YVN4, C9YYV4, C9Z2V2, C9ZE74 and C9ZE96) (Table 2.1). These last proteins are also possibly cell wall polysaccharide-degrading enzymes. Topochemical studies have shown that the plant cell wall polysaccharides and a part of the polyaromatics domain of the suberin are located in the primary and tertiary walls (Sitte,1955). Polyaromatic coumpounds from suberin are thus associated with polysaccharide-type glycosides but the nature of their covalent link remains speculative (Graça and Santos, 2007; Yan and Stark, 2000). Lignin, a biopolymer showing structural similarity to the suberin polyaromatic domain, is bound to hemicellulose compounds like xylans by an ester linkage (Puls, 1997). The secreted carbohydrate esterases identified in this study belongs to four distinct carbohydrate esterase families (CE1, CE2, CE3 and CE4) grouping acetyl xylan esterases. The gene encoding the protein C9Z2V2 is adjacent to a gene coding for an endo-1,4-beta-xylanase (C9Z2V1) that has also been detected in the SM (Table 2.1).

In addition to enzymes involved in xylan degradation, others types of polysaccharide-degrading enzymes have also been detected specifically in media containing suberin : cellulases (C9YTK2, C9YVP5, C9YW88, C9Z9L6, C9Z9L7, C9ZD50, C9ZEP9, C9ZEQ0 and C9ZEQ1), a putative licheninase (C9Z623), pectate lyases (C9YU66 and C9YU67) and many others involved in the hydrolysis of hemicellulose compounds.

Glycosyl hydrolase activity has been assayed on the three media supernatants to estimate cellulose, xylanase and licheninase activity (7.94±0.72, 365.65±17.84 and 38.37±0.92 mU.mL^{-1}), respectively (Table 2.3). Futhermore, addition of a small amount of suberin in *S. scabiei* culture media containing as main carbon source carboxymethyl cellulose or xylane considerably increased the cellulase and xylanase activity, respectively (unpublished results). The amount of suberin being small compared to the polysaccharide amount, the increase in enzymatic activity cannot be strictly attributed to the contamination of suberin polymer with cellulose or xylan. This increase could be due to the secretion of glycosyl hydrolases specifically induced by the presence of suberin or to an overproduction of extracellular enzymes caused by the addition of suberin. This lipidic polymer contains a wide variety of phenolic compounds that might be partly responsible for the high glycosyl hydrolase activity since various phenolics such as gallic acid, tannic acid, maleic acid and salicylic acid were observed to be good inducers of cellulases (Kumar *et al.,* 2008).

Secretome profile of *S. scabiei* grown in the presence of suberin: proteins in the lipid metabolism class. The main purpose of this work is to identify extracellular proteins produced in the presence of suberin, the main constituent of potato periderm. Suberin is an insoluble lipid biopolymer (Graça and Santos, 2007; Franke and Shreiber, 2007) and mechanisms responsible for its degradation are poorly understood (Kontkanen *et al.,* 2009). Nevertheless, some authors have suggested that actinobacteria (Fett *et al.,* 2000) including *S. scabiei* (Fett *et al.,* 2000; Lerat *et al.,* 2012) might be involved in the suberin degradation process. Suberinases are polyesterases, identified in a number of fungi, that can depolymerize, at least partially, the lipidic polymer (Kontkanen *et al.,* 2009). Interestingly, all proteins of the lipid metabolism class (C9Z0A6, C9Z6Y6, C9YTK3, C9Z5Z2 and C9ZCR0) have been detected only in the supernatant of suberin-containing media (Fig. 2.2) and comprised a protein from the esterase-lipase family (C9YTK3) that could be directly involved in suberin degradation. In addition to this protein, an endoglycosylceramidase (C9Z0A6), a cholesterol esterase (C9Z6Y6), a glycerophosphoryl diester phosphodiesterase (C9Z5Z2) and a sphingolipid ceramide N-deacylase (C9ZCR0) were included in the lipid metabolism class.

C9Z6Y6 has been identified as a cholesterol esterase, a widespread protein that belongs to the lipase/esterase family (Brockerhoff, 1974) and that is able to hydrolyze fatty acid esters of cholesterols. Although mammalian cholesterol esterases have been extensively studied (Momsen and Brockman, 1977), several cholesterol esterases have also been characterized from bacteria such as *Pseudomonas fluorescens* (Uwajima and Terada, 1976), *P. aeruginosa* (Sugihara *et al.*, 2002), *Acinetobacter* sp. (Du *et al.*, 2010) and *Streptomyces* spp. (Xiang *et al.*, 2007) suggesting that the bacterial enzymes do not use cholesterol as specific substrate. Recently, cholesterol esterases produced by different actinobacteria were classified as a novel family as they did not have the GXSXG sequence conserved in the lipase/esterase family (Xiang *et al.*, 2007). Current models for suberin structure postulate that approximately 25 % of the suberin structure can be depolymerized by ester cleavage reactions (Graça and Pereira, 2000). The physiological role of the actinobacteria cholesterol esterase remains unknown, but in *S. scabiei*, the C9Z6Y6 protein may participate in suberin degradation.

The C9Z5Z2 protein is a putative glycerophosphoryl diester phosphodiesterase involved in the metabolism of glycerol and lipids. This enzyme has both phosphoric diester hydrolase and glycerophosphodiester phosphodiesterase activities (Tommassen *et al.*, 1991). Glycerol has been reported to be covalently bound to the aliphatic and aromatic fractions of potato suberin (Graça and Pereira, 2000), allowing the formation of a three-dimensional crosslinked network (Bernards, 2002). During its interaction with potato tuber, *S. scabiei* may thus release glycerol from suberin and use the compound as a carbon source. Furthermore, suberin depolymerisation by methanolysis released a set of glycerol-derived dimeric and trimeric esters (Graça and Santos, 2007). Among glycerol esters, monoacylglycerols of α,ω-diacids and of ω-hydroacids were found in high concentration. It is thus possible that the sphingolipid ceramide N-deacylase (C9ZCR0) produced in the presence of suberin can remove acyl groups from monoacylglycerol present in the polymer.

Protein C9Z0A6 encodes a putative endoglycosylceramidase, an enzyme that catalyzes the hydrolysis of the linkage between oligosaccharides and ceramide, a lipidic compound.

Ceramides have not been detected in the aliphatic fraction of potato suberin but the aliphatic fraction of suberin is anchored in the cell wall (Bernards, 2002), the putative endoglycosylceramidase could thus allow the extraction of sugars from the suberin lipidic structure. The enzymes of the lipid metabolism class did not, however, represent a high proportion of the secretome as they were detected in the supernatant with NSAF values varying between 0.11 and 0.49 %.

Secretome profile of *S. scabiei* grown in the presence of suberin: proteins in the general function class that could be involved in suberin degradation. An extracellular esterase A produced in the presence of suberin by *S. scabiei* FL1 has been previously purified and characterized (McQueen and Schottel, 1987) but its role in suberin degradation has not been demonstrated. Interestingly, a homolog of this protein (G9ZG71) has been detected in the three media. This protein was included in the general function class since there was no evidence allowing the association of this esterase with lipid metabolism.

A feruloyl esterase (C9ZE96), included in the general function class, appeared in the ten most abundant proteins in the SM and was only detected in suberin-containing media (Fig. 2.3). As partial depolymerization of cork suberin by methanolysis can produce feruloyl esters (Graça and Santos, 2007 suggesting that this feruloyl esterase participates in suberin degradation.

This study has allowed the identification of various extracellular enzymes that could be involved in the degradation of suberin or other potato cell wall constituents. This study describes a proteomic analysis of the phytopathogenic bacteria *S. scabiei*, identifying an important number of proteins. Most of these proteins are involved in lipid metabolism and carbohydrate transport and metabolism, indicating the importance of the two categories of secreted proteins for *S. scabiei* in suberin metabolism. Moreover, the use of suberin as a sole carbon source may reveal proteins involved in the infection cycle such as pathogenicity or virulence factors. The identification of these proteins will provide a new source of knowledge to unravel the molecular basis of pathogenesis.

Acknowledgements

The authors thank Sylvain Lerat for reviewing the manuscript. This work is supported by the National Sciences and Engineering Research Council of Canada. D. Komeil was financially supported by a Ph.D. scholarship from the Ministry of Higher Education, Egypt.

References

Alexander Watt, S., Wilke, A., Patschkowski, T. and Niehaus, K. (2005) Comprehensive analysis of the extracellular proteins from *Xanthomonas campestris* pv. *campestris* B100. *Proteomics*, **5**, 153-167.

Banerjee, D., Basu, M., Choudhury, I. and Chatterjee, G.C. (1982) Studies on superoxide dismutase activities in virulent and avirulent strains of *Agrobacterium tumefaciens* and also in normal and crown gall tumor cells of *Bryophyllum calycinum*. *Acta Microbiol. Pol.* **31**, 145-151.

Beauséjour, J., Goyer, C., Vachon, J. and Beaulieu, C. (1999) Production of thaxtomin A by *Streptomyces scabies* strains in plant extract containing media. *Can. J. Microbiol.* **45**, 764-768.

Bernards, M.A. (2002) Demystifying suberin. *Can. J. Botany,* **80**, 227-240.

Bernards, M.A. and Razem, F.A. (2001) The poly(phenolic) domain of potato suberin: A non-lignin cell wall bio-polymer. *Phytochemistry,* **57**, 1115-1122.

Bradford, M.M. (1976) A rapid and sensitive method for quantification of microgram quantities of protein utilizing the principle of protein-dye binding. *Anal. Biochem.* **72**, 248-254.

Brockerhoff, H. (1974) Model of interaction of polar lipids, cholesterol, and proteins in biological membranes. *Lipids,* **9**, 645-650.

Cantarel, B.I., Coutinho, P.M., Rancurel, C., Bernard, T., Lombard, V. and Henrissat, B. (2009) The carbohydrate-active EnZymes database (CAZy): An expert resource for glycogenomics. *Nucleic Acids Res.* **37**, D233-D238.

Claudel-Renard, C., Chevalet, C., Faraut, F. and Kahnet, D. (2003) Enzyme-specific profiles for genome annotation: PRIAM. *Nucleic Acids Res.* **31**, 6633-6639.

Du, L., Huo, Y., Ge, F., Yu, J., Li, W., Cheng, G., Yong, B., Zeng, L. and Huang, M. (2010) Purification and characterization of novel extracellular cholesterol esterase from *Acinetobacter* sp. *J. Basic Microbiol.* **50**, S30-S36.

Duval, I., Brochu, V., Simard, M., Beaulieu, C. and Beaudoin, N. (2005) Thaxtomin A induces programmed cell death in *Arabidopsis thaliana* suspension-cultured cells. *Planta,* **222**, 820-831.

Faucher, E., Savard, T. and Beaulieu, C. (1992) Characterization of actinomycetes isolated from common scab lesions on potato tubers. *Can. J. Plant Pathol.* **14**, 197-202.

Fett, W.F., Wijey, C., Moreau, R.A. and Osman, S.F. (2000) Production of cutinolytic esterase by filamentous bacteria. *Lett. Appl. Microbiol.* **31**, 25-29.

Franke, R. and Schreiber, L. (2007) Suberin - a biopolyester forming apoplastic plant interfaces. *Curr. Opin. Plant Biol.* **10**, 252-259.

González-Fernández, R., Prats, E. and Jorrín-Novo, J.V. (2010) Proteomics of plant pathogenic fungi. *J. Biomed. Biotechnol.* 932527.

Graça, J. and Pereira, H. (2000) Suberin structure in potato periderm: Glycerol, long-chain monomers, and glyceryl and feruloyl dimers. *J. Agric. Food Chem.* **48**, 5476-5483.

Graça, J. and Santos, S. (2007) Suberin: A biopolyester of plants' skin. *Macromol. Biosci.* **7**, 128-135.

Havliš, J., Thomas, H., Šebela, M. and Shevchenko, A. (2003) Fast-response proteomics by accelerated in-gel digestion of proteins. *Anal. Chem.* **75**, 1300-1306.

108

Hill, J. and Lazarovits, G. (2005) A mail survey of growers to estimate potato common scab prevalence and economic loss in Canada. *Can. J. Plant Pathol.* **27**, 46-52.

Joshi, M.V., Mann, S.G., Antelmann, H., Widdick, D.A., Fyans, J.K., Chandra, G., Hutchings, M.I., Toth, I., Hecker, M., Loria, R. and Palmer, T. (2010) The twin arginine protein transport pathway exports multiple virulence proteins in the plant pathogen *Streptomyces scabies. Mol. Microbiol.* **77**, 252-271.

Kanehisa, M., Goto, S., Kawashima, S., Okuno, Y. and Hattori, M. (2004). The KEGG resource for deciphering the genome. *Nucleic Acids Res.* **32**, D277–D280.

Knief, C., Delmotte, N. and Vorholt, J.A. (2011) Bacterial adaptation to life in association with plants - A proteomic perspective from culture to *in situ* conditions. *Proteomics,* **11**, 3086-3105.

Kolattukudy, P.E. (2001) Polyesters in higher plants. *Adv. Biochem. Eng. Biotechnol.* **71**, 1-49.

Kolattukudy, P.E. and Agrawal, V.P. (1974) Structure and composition of aliphatic constituents of potato tuber skin (suberin). *Lipids,* **9**, 682-691.

Kontkanen, H., Westerholm-Parvinen, A., Saloheimo, M., Bailey, M., Rättö, M., Mattila, I., Mohsina, M., Kalkkinen, N., Nakari-Setälä, T. and Buchert, J. (2009) Novel *Coprinopsis cinerea* polyesterase that hydrolyzes cutin and suberin. *Appl. Environ. Microbiol.* **75**, 2148-2157.

Kumar, R., Singh, S. and Singh, O.V. (2008) Bioconversion of lignocellulosic biomass: Biochemical and molecular perspectives. *J. Ind. Microbiol. Biot.* **35**, 377-391.

Lambert, D.H. and Loria, R. (1989) *Streptomyces scabies* sp. nov., nom. rev. *Int. J. Syst. Bacteriol.* **39**, 387-392.

Lauzier, A., Simao-Beaunoir, A.-., Bourassa, S., Poirier, G.G., Talbot, B. and Beaulieu, C. (2008) Effect of potato suberin on *Streptomyces scabies* proteome. *Mol. Plant Pathol.* **9**, 753-762.

Lee, E.Y., Choi, D.Y., Kim, D.K., Kim, J.O., Park, J.O., Kim, S., Kim, S.H., Desiderio, D.M., Kim, Y.K., Kim, K.P. and Gho, Y.S. (2009) Gram-positive bacteria produce membrane vesicles: Proteomics-based characterization of *Staphylococcus aureus*-derived membrane vesicles. *Proteomics*, **9**, 5425-5436.

Lerat, S., Forest, M., Lauzier, A., Grondin, G., Lacelle, S. and Beaulieu, C. (2012) Potato suberin induces differentiation and secondary metabolism in the genus *Streptomyces*. *Microbes Environ.* **27**, 36-42.

Lerat, S., Simao-Beaunoir, A.M., Wu, R., Beaudoin, N. and Beaulieu, C. (2010) Involvement of the plant polymer suberin and the disaccharide cellobiose in triggering thaxtomin a biosynthesis, a phytotoxin produced by the pathogenic agent *Streptomyces scabies*. *Phytopathology,* **100**, 91-96.

Lever, M. (1972) A new reaction for colorimetric determination of carbohydrates. *Anal. Biochem.* **47**, 273-279.

Loria, R., Bignell, D.R.D., Moll, S., Huguet-Tapia, J.C., Joshi, M.V., Johnson, E.G., Seipke, R.F. and Gibson, D.M. (2008) Thaxtomin biosynthesis: The path to plant pathogenicity in the genus *Streptomyces*. Anton. Leeuw. Int. J. G. **94**, 3-10.

Loria, R., Bukhalid, R.A., Creath, R.A., Leiner, R.H., Olivier, M. and Steffens, J.C. (1995) Differential production of thaxtomins by pathogenic *Streptomyces* species *in vitro*. *Phytopathology,* **85**, 537-541.

Loria, R., Bukhalid, R.A., Fry, B.A. and King, R.R. (1997) Plant pathogenicity in the genus *Streptomyces*. *Plant Dis.* **81**, 836-846.

McQueen, D.A.R. and Schottel, J.L. (1987) Purification and characterization of a novel extracellular esterase from pathogenic *Streptomyces scabies* that is inducible by zinc. *J. Bacteriol.* **169**, 1967-1971.

Meneses, N., Mendoza-Hernández, G. and Encarnación, S. (2010) The extracellular proteome of *Rhizobium etli* CE3 in exponential and stationary growth phase. *Proteome Sci.* **8**, 51.

Momsen, W.E. and Brockman, H.L. (1977) Purification and characterization of cholesterol esterase from porcine pancreas. *Biochim. Biophys. Acta.* **486**, 103-113.

Neilson, K.A., Ali1, N.A., Muralidharan, S., Mirzaei1, M., Mariani1, M., Assadourian, G., Lee, A., van Sluyter, S.C. and Haynes, P.A. (2011) Less label, more free: Approaches in label-free quantitative mass spectrometry. *Proteomics* **11**, 535-553.

Pacchiano Jr., R.A., Sohn, W., Chlanda, V.L., Garbow, J.R., and Stark, R.E. (1993) Isolation and spectral characterization of plant-cuticle polyesters. *J. Agr. Food Chem.* **41**, 78-83.

Pollard, M., Beisson, F., Li, Y. and Ohlrogge, J.B. (2008) Building lipid barriers: Biosynthesis of cutin and suberin. *Trends Plant Sci.* **13**, 236-246.

Prieto, J.H., Koncarevic, S., Park, S.K., Yates, J. and Becker, K. (2008) Large-scale differential proteome analysis in plasmodium falciparum under drug treatment. *PLoS ONE.* **3**, e4098.

Puls, J. (1997) Chemistry and biochemistry of hemicelluloses: Relationship between hemicellulose structure and enzymes required for hydrolysis. *Macromol. Symp.* **120**, 183-196.

Rajashankar, K.R., Bryk, R., Kniewel, R., Buglino, J.A., Nathan, C.F. and Lima, C.D. (2005) Crystal structure and functional analysis of lipoamide dehydrogenase from mycobacterium tuberculosis. *J. Biol. Chem.* **280**, 33977-33983.

Rasse, P.D., Rumpel, C. and Dignac, M.F. (2005) Is soil carbon mostly root carbon? mechanisms for a specific stabilisation. *Plant Soil*, **269**, 341-356.

Sambrook, J. and Russell, D.W. (2001) Molecular cloning: A laboratory manual. 3rd ed. Cold Spring Harbor Laboratory, Cold Spring Harbor.

Sanssouci, É., Lerat, S., Grondin, G., Shareck, F. and Beaulieu, C. (2011) Tdd8: A TerD domain-encoding gene involved in *Streptomyces coelicolor* differentiation. Anton Leeuw.Int. J.G. **100**, 385-398.

Schreiber, L., Franke, R. and Hartmann, K. (2005) Wax and suberin development of native and wound periderm of potato (*Solanum tuberosum* L.) and its relation to peridermal transpiration. *Planta,* **220,** 520-530.

Shevchenko, A., Wilm, M., Vorm, O. and Mann, M. (1996) Mass spectrometric sequencing of proteins from silver-stained polyacrylamide gels. *Anal. Chem.* **68,** 850-858.

Smith, A.W., Roche, H., Trombe, M.C., Briles, D.E. and Håkansson, A. (2002) Characterization of the dihydrolipoamide dehydrogenase from *Streptococcus pneumoniae* and its role in pneumococcal infection. *Mol. Microbiol.* **44,** 431-448.

Stark, R.E. and Garbow, J.R. (1992) Nuclear magnetic resonance relaxation studies of plant polyester dynamics. 2. suberized potato cell wall. *Macromolecules,* **25,** 149-154.

Stark, R.E., Sohn, W., Pacchiano Jnr, R.A., Al-Bashir, M. and Garbow, J.R. (1994) Following suberization in potato wound periderm by histochemical and solid-state 13C nuclear magnetic resonance methods. *Plant Physiol.* **104,** 527-533.

Sugihara, A., Shimada, Y., Nomura, A., Terai, T., Imayasu, M., Nagai, Y., Nagao, T., Watanabe, Y. and Tominaga, Y. (2002) Purification and characterization of a novel cholesterol esterase from *Pseudomonas aeruginosa*, with its application to cleaning lipid-stained contact lenses. *Biosci. Biotech. Bioch.* **66,** 2347-2355.

Tatusov, R.L., Koonin, E.V., and Lipman, D.J. (1997) A genomic perspective on protein families. *Science,* **278,** 631-637.

Tommassen, J., Eiglmeier, K., Cole, S.T., Overduin, P., Larson, T.J. and Boos, W. (1991) Characterization of two genes, glpQ and ugpQ, encoding glycerophosphoryl diester phosphodiesterases of *Escherichia coli. Mol. Gen. Genet.* **226,** 321-327.

Uwajima, T. and Terada, O. (1976) Purification and properties of cholesterol esterase from *Pseudomonas fluorescens. Agric. Biol. Chem.* **40,** 1957-1964.

Wang, W., Tian, S. and Stark, R.E. (2010) Isolation and identification of triglycerides and ester oligomers from partial degradation of potato suberin. *J. Agric. Food Chem.* **58,** 1040-1045.

Wanner, L.A. (2009) A patchwork of *Streptomyces* species isolated from potato common scab lesions in North America. *Am. J. Potato Res.* **86,** 247-264.

Wilson, D.B. (2011) Microbial diversity of cellulose hydrolysis. *Curr. Opin. Microbiol.* **14,** 259-263.

Xiang, H., Masuo, S., Hoshino, T. and Takaya, N. (2007) Novel family of cholesterol esterases produced by actinomycetes bacteria. *Biochim. Biophys. Acta.* **1774,** 112-120.

Yan, B. and Stark, R.E. (2000) Biosynthesis, molecular structure, and domain architecture of potato suberin: A 13C NMR study using isotopically labeled precursors. *J. Agric. Food Chem.* **48,** 3298-3304.

Au cours de la colonisation du tubercule de la pomme de terre, le *S. scabiei* est en intime contact avec la subérine du périderme. Comme d'autres auteurs (McQueen et Schottel, 1987; Beauséjour *et al.,* 1999), nous avons mis en évidence que la subérine induit la production d'enzymes ayant une activité estérasique. Par contre, d'autres polymères d'origine végétale induisent aussi la production d'estérases mais à un niveau plus faible. Le fait que d'autres substrats induisent la production d'estérases n'était pas surprenant puisque plusieurs de ces substrats, comme la cutine, le xylane, la lignine, contiennent des liens esters.

Même si des estérases extracellulaires sont retrouvées dans divers milieux, la présence de la subérine entraîne une forte augmentation de l'activité estérasique. Ceci suggère que les estérases jouent un rôle important dans la dégradation de la subérine chez *S. scabiei*. À notre connaissance, il n'existe dans la littérature aucune mention relatant l'identification d'une estérase d'origine bactérienne ayant comme substrat spécifique la subérine. Chez les champignons, les enzymes démontrant une activité estérasique sur la subérine attaquent également la cutine, un composé s'apparentant à la portion aliphatique de la subérine (Kolattukudy, 1980). Afin d'identifier de potentielles subérinases produites par *S. scabiei* deux approches ont été tentées : une analyse bioinformatique du génome de *S. scabiei* souche 87-22 et une analyse du sécrétome de *S. scabiei* souche EF-35.

Plusieurs gènes d'estérases se retrouvent dans le génome de *S. scabiei* souche 87-22 mais nous nous sommes attardés sur deux gènes *estA* et *sub1* (SCAB_3021 et SCAB_78931) puisque ces gènes s'apparentaient à des gènes codant pour une estérase bactérienne réputée produite en présence de subérine et pour une cutinase/subérinase fongique, respectivement. Les deux gènes sont surexprimés en présence de subérine. Le gène *estA* (SCAB_3021, 1119-pb) est très fortement exprimé en présence de la subérine mais il est aussi exprimé en présence de divers composés. *estA* est un gène dont la séquence protéique déduite présente une identité de 91 % (dans une région de 316 acides aminés) avec la protéine prédit du gène *estA* hypothétique de *S. viridochromogenes* souche

114

DSM40736. De plus, *estA* n'a pas été détecté dans toutes les souches pathogènes de *S. scabiei* testés et il a été trouvé dans le génome de certaines actinobactéries non pathogènes. De ces résultats, on conclut que le gène n'est pas essentiel au pouvoir pathogène de la bactérie mais qu'il est utile à la vie saprophytique en participant à la dégradation de divers substrats naturels dont la subérine. Le gène pourrait donc être utile lors de l'infection en facilitant le passage de la bactérie à travers cette barrière physique. Pour montrer l'utilité du gène, une interruption génique peut avoir lieu. L'interruption génique du gène peut nous montrer le rôle du gène dans le dévelopment de la maladie ou la colonisation du tubercule.

Il est connu dans la littérature que quelques champignons phytopathogènes sont capables de dégrader la subérine et la cutine. En effet, on a démontré que certaines cutinases fongiques attaquaient également la subérine (Kontkanen *et al.*, 2009). On connait donc certaines suberinases fongiques mais aucune suberinase bactérienne. Dans la présente étude, un gène d'origine bactérienne codant potentiellement pour une suberinase a été identifié pour la première fois. Il s'agit du gène *sub1* (SCAB_78931- 642 pb). Parmi tous les substrats testés, ce gène n'était exprimé qu'en présence de deux sources de carbone, la subérine et, à un moindre degré, la cutine. La séquence protéique déduite du gène *sub1* a montré une identité de 33 % avec la protéine CcCUT1 du champignon *C. cinerea* souche VTTD-041 011 qui est capable de dégrader la cutine et la subérine mais la dégradation de la subérine était plus faible et plus lente que celle de la cutine. Même si *sub1* est plus fortement exprimée en présence de subérine qu'en présence de cutine, il se pourrait que l'efficacité de Sub1 à dégrader la subérine ou la cutine soit meilleure pour le dernier substrat vu sa structure chimique plus simple. Dans le genre *Streptomyces*, la présence du gène *sub1* a été surtout détectée chez les agents phytopathogènes ce qui suggère la participation de Sub1 aux mécanismes d'infection. Pour enrichir cette étude, il serait important de procéder par la purification et la caractérisation du Sub1 afin de démontrer hors de tout doute son action sur la subérine. L'activité suberinase pourrait être déterminée par le dosage de monomères libérés de subérine marquée radioactivement (Schultz *et al.*, 1996). Et pour approfondir les connaissances au niveau des interactions entre le *S. scabiei* et son hôte, une interruption génique du gène *sub1* serait d'intérêt afin de savoir son rôle dans la virulence de la bactérie.

Les travaux présentés dans la deuxième partie de cette thèse ont fait l'appel à une approche protéomique qui nous a permis d'identifier un grand nombre de protéines différentes exprimées en présence de subérine dont un nombre important sont des enzymes extracellulaires. La subérine est un polymère avec un structure organique unique dans la nature et qui est très récalcitrante à la dégradation (Rasse *et al.*, 2005). La subérine forme 30 % du périderme de la pomme de terre (Gandini *et al.* 2006). Si plusieurs auteurs suggèrent que le *S. scabiei* dégrade la subérine (McQueen et Schottel, 1987; Beauséjour *et al.*, 1999), la compréhension de la dégradation de ce polymère par *S. scabiei* ou d'autres est une énigme.

Dans la littérature, la dégradation de la subérine est mentionnée comme lente et faible. Seulement 1 % de la subérine de framboisier a été dégradée lorsqu'elle a été traitée pendant 16 h par l'estérase de *Armillaria mellea* (Zimmerman et Seemüller, 1984) et 9,8 % de la subérine de la pomme de terre lorsqu'elle est incubée pendant 2 mois avec celle de *Rosellinia desmazieri* (Ofong et Pearce, 1994). *S. scabiei* produit un ensemble d'enzymes extracellulaires, qui sont encore à être caractérisées, qui peuvent être impliquées dans la dégradation de la subérine. À notre connaissance, le présent travail est le premier rapport sur la caractérisation préliminaire de la diversité des protéines sécrétées par *S. scabiei* en présence de la subérine.

L'identification des protéines produites en présence de subérine peut nous aider à comprendre les mécanismes liés à la dégradation de la subérine. En effet, des protéines liées au métabolisme des lipides n'ont été identifiées qu'en présence de subérine. Ceci suggère que le *S. scabiei* est capable de dégrader au moins partiellement la portion aliphatique de la subérine. On retrouve parmi les enzymes liés au métabolisme des lipides une protéine de la famille estérase-lipase (C9YTK3), une endoglycosylcéramidase (C9Z0A6), une cholestérol estérase (C9Z6Y6), une glycérophosphoryl diester phosphodiestérase (C9Z5Z2) et une sphingolipide céramide N-déacylase (C9ZCR0) qui

116

peuvent être directement impliquées dans la dégradation de la portion aliphatique de la subérine.

Une estérase extracellulaire (EstA), produite en présence de subérine par une autre souche de *S. scabiei*, a été préalablement purifiée et caractérisée (McQueen et Schottel, 1987), mais son rôle dans la dégradation de la subérine n'a pas été démontré. Un homologue de cette protéine (G9ZG71) a été trouvé dans les milieux contenant de la caséine ou de la subérine. Cette protéine a été classée dans la section des protéines de fonction générale puisqu'il n'y avait aucun indice montrant sa contribution dans le métabolisme lipidique. Cependant, la présence de la subérine dans le milieu de croissance de *S. scabiei* souche EF-35 induit l'expression de l'*estA*.

Bien que *sub1* soit fortement exprimé en présence de subérine, la protéine Sub1 n'a pas été détectée dans le sécrétome de la bactérie. Pour autant le fait que Sub1 soint indectable ne veut pas dire qu'elle n'est pas présente et qu'elle n'attaque pas la subérine. La quantité indétectable de cette protéine dans le surnageant n'éclut pas son influence sur le métabolisme de la subérine.

La présence et la variété des glycosyl hydrolases comme les xylanases, les cellulases et les licheninases étaient remarquables dans les milieux avec subérine. Ce polymère lipidique contient une grande variété de composés phénoliques qui pourrait être en partie responsable de l'activité glycosyl hydrolase élevée. Des composées phénoliques tels que l'acide gallique, l'acide tannique, l'acide maléique et l'acide salicylique ont été observés pour être des bons inducteurs de cellulases (Kumar *et al.*, 2008). La bactérie pourrait utiliser certains enzymes tels le endoglycosylceramidase et le feruloyl estérase pour décrocher les polysacharides liées à la subérine. Des études préliminaires montrent que certaines des glycosyl hydrolases produites en présence de subérine le sont aussi en présence de polysaccharides végétaux telles la cellulose et le xylane. Cependant d'autres glycosyl hydrolases semblent être relativement spécifiques à la subérine (R. Padilla Reynaud, communication personnelle). On peut supposer que certaines de ces enzymes

117

apprtenant à des carbohydrate esterases servent spécifiquement à décrocher les sucres de la structure aliphatique de la subérine.

Le *S. scabiei* secrète une batterie d'enzymes extracellulaires qui peuvent avoir un rôle dans la dégradation du périderme de la tubercule de la pomme de terre. La présente étude ouvre différentes voies pour mieux investiguer l'interaction entre le *S. scabiei* et la subérine.

BIBLIOGRAPHIE

Adams, M.J. (1975). Potato tuber lenticels: development and structure. Ann. Appl. Biol. *79*: 267-273.

Adams, M.J., and Lapwood, D.H. (1978). Studies on the lenticel development, surface microflora and infection by common scab (*Streptomyces scabies*) of potato tubers growing in wet and dry soils. Ann. Appl. Biol. *90*, 335-343.

Agriculture et agroalimentaire Canada. (2007). Canadian Potato Situation and Trends 2006-2007.http://www4.agr.gc.ca/resources/prod/doc/misb/hort/sit/pdf/po_06_07_e.pdf

Agrios, G. (2005). Plant Pathology. 5th Ed. Academic Press, San Diego, CA, USA.

Alexander Watt, S., Wilke, A., Patschkowski, T., and Niehaus, K. (2005). Comprehensive analysis of the extracellular proteins from *Xanthomonas campestris* pv. *campestris* B100. Proteomics *5*, 153-167.

Alivizatos, A.S., and Pantazis, S. (1992). Preliminary studies on biological control of potato common scab caused by *Streptomyces* sp. In: Biological control of plant diseases, E.S., Tjamos, ed. (New York: Plenum Press), pp. 85-92.

Babcock, M. J., Eckwall, E., and Schottel, J.L. (1993). Production and regulation of potato-scab-inducing phytotoxins by *Streptomyces scabies*. J. Gen. Microbiol. *139*, 1579-1586.

Bajar, A., Podila, G.K., and Kolattukudy, P.E. (1991). Identification of a fungal cutinase promoter that is inducible by a plant signal via a phosphorylated trans-acting factor. Proc. Natl. Acad. Sci. USA *88*, 8208-8212.

Banerjee, D., Basu, M., Choudhury, I. and Chatterjee, G.C. (1982). Studies on superoxide dismutase activities in virulent and avirulent strains of *Agrobacterium tumefaciens* and also in normal and crown gall tumor cells of *Bryophyllum calycinum*. Acta Microbiol. Pol. *31*, 145-151.

Bao, K., and Cohen, S.N. (2003). Recruitment of terminal protein to the ends of *Streptomyces* linear plasmids and chromosomes by a novel telomere binding protein essential for linear DNA replication. Genes Dev. *17*, 774-785.

Bear, I.J. and Thomas, R.G. (1964). Nature of *Argillaceous* odour. Nature *201*, 993-995.

Beauséjour, J., Goyer, C., Vachon, J., and Beaulieu, C. (1999). Production of thaxtomin A by *Streptomyces scabies* strains in plant extract containing media. Can. J. Microbiol. *45*, 764-768.

Beg, Q.K., Bhushan, B., Kapoor, M., and Hoondal, G.S. (2000). Production and characterization of thermostable xylanase and pectinase from *Streptomyces* sp. QG-11-3. J. Ind. Microbiol. Biotechnol. *24*, 396-402.

Beisson, F., Li-Beisson, Y., and Pollard, M. (2012) Solving the puzzles of cutin and suberin polymer biosynthesis. Curr. Opin. Plant Biol. *15*,329-337

Bélanger, P.A., Beaudin, J., and Roy, S. (2011). High-throughput screening of microbial adaptation to environmental stress. J. Microbiol. Methods *85*, 92-97.

Belbahri, L., Calmin, G., Mauch, F., and Andersson, J.O. (2008). Evolution of the cutinase gene family: evidence for lateral gene transfer of a candidate *Phytophthora* virulence factor. Gene *408*, 1-8.

Bencheikh, M., and Setti, B. (2007). Characterization of *Streptomyces scabies* isolated from common scab lesions on potato tubers by morphological, biochemical and pathogenicity tests in chlef region in western Algeria. Sci. & Technol. *C. 26*, 61-67.

Bender, C.L., Alarcon-Chaidez, F., and Gross, D.C. (1999). *Pseudomonas syringae* phytotoxins: mode of action, regulation, and biosynthesis by peptide and polyketide synthetases. Microbiol. Mol. Biol. Rev. *63*, 266-292.

Bendtsen, J.D., Nielsen, H., von Heijne, G. and Brunak, S. (2004). Improved prediction of signal peptides: SignalP 3.0. J. Mol. Biol. *340*, 783-795.

Bentley, S.D., Chater, K.F., Cerdeno-Tarraga, A.M., Challis, G.L., Thomson, N.R., and James, K.D. (2002). Complete genome sequence of the model actinomycete *Streptomyces coelicolor* A3(2). Nature *417*, 141-147.

Berdy, J. (2005). Bioactive microbial metabolites. J. Antibiot (Tokyo) *58*: 1-26.

Bernards, M.A. (2002). Demystifying suberin. Can. J. Bot. *80*, 227-240.

Bernards, M.A. and Razem, F.A. (2001). The poly(phenolic) domain of potato suberin: A non-lignin cell wall bio-polymer. Phytochemistry *57*, 1115-1122.

Bernards, M.A., Lopez, M.L., Zajicek, J., and Lewis, N.G. (1995). Hydroxycinnamic acid-derived polymers constitute the polyaromatic domain of suberin. J. Biol. Chem. *1270*, 7382-7386.

Bernèche-D'Amours, A., Ghinet, M.G., Beaudin, J., Brzezinski, R., and Roy, S. (2011). Sequence analysis of *rpoB* and *rpoD* gene fragments reveals the phylogenetic diversity of actinobacteria of genus *Frankia*. Can. J. Microbiol. *57*, 244-249.

Bibb, M.J., Freeman, R.F., and Hopwood, D.A. (1977). Physical and genetical characterisation of a second sex factor, SCP2, for *Streptomyces coelicolor* A3(2). Mol. Gen. Genet. *154*, 155-166.

Biely, P., MacKenzie, C.R., and Schneider, H. (1988). Acetylxylan esterase of *Schizophyllum commune*. Methods Enzymol. *160(c)*, 700-707.

Bignell, D.R., Seipke, R.F., Huguet-Tapia, J.C., Chambers, A.H., Parry, R., and Loria, R. (2010). *Streptomyces scabies* 87-22 contains a coronafacic acid-like biosynthetic cluster that contributes to plant-microbe interactions. Mol. Plant-Microbe Interact. *23*,161-175.

Bjor, T., and Roer, L. (1980). Testing the resistance of potato varieties to common scab. Potato Res. *23*, 33-47.

Błaszczak, W., Chrzanowsk, M., Fornal, J., Zimnoch-Guzowsk, E., Palacios, M.C., and Vacek, J. 2005. Scanning electron microscopic investigation of different types of necroses in potato tubers. Food Control *16*, 747-752.

Bonnen, A.M., and Hammerschmidt, R. (1989). Role of cutinolytic enzymes in infection of cucumber by *Colletotrichum lagenarium*. Physiol. Mol. Plant Pathol. *35*, 475-481.

Borgmeyer, J.A., and Crawford, D.L. (1985). Production and characterization of polymeric lignin degradation intermediates from two different *Streptomyces* spp. Appl. Environ. Microbiol. *49*, 273-278.

Bouarab, K., Melton, R., Peart, J., Baulcombe, D., and Osbourn, A. (2002). A saponin-detoxifying enzyme mediates suppression of plant defenses. Nature *418*, 889-892.

Bouchek-Mechiche, K., Gardan, L., Normand, P., and Jouan, B. (2000). DNA relatedness among strains of *Streptomyces* pathogenic to potato in France: Description of three new species, *S. europaeiscabiei* sp. nov. and *S. stelliscabiei* sp. nov. associated with common scab, and *S. reticuliscabiei* sp. nov. associated with netted scab. Int. J. Syst. Evol. Microbiol. *50*, 91-99.

Bradford, M.M. (1976). A rapid and sensitive method for quantification of microgram quantities of protein utilizing the principle of protein-dye binding. Anal. Biochem. *72*, 248-254.

Brockerhoff, H. (1974). Model of interaction of polar lipids, cholesterol, and proteins in biological membranes. Lipids 9, 645-650.

Brody, J.R., and Kern, S.E. (2004). Sodium boric acid: a Tris-free, cooler conductive medium for DNA electrophoresis. Biotechniques 36, 214-216.

Brown, C.R. (1993). Origin and history of the potato. Am. Potato J. *70*, 363-373.

Brühlmann, F., Kim, K.S., Zimmerman, W., and Fiechter, A. (1994). Pectinolytic enzymes from actinomycetes for the degumming of ramie bast fibers. Appl. Environ. Microbiol. *60*, 2107-2112.

Bukhalid, R.A., and Loria, R. (1997). Cloning and expression of a gene from *Streptomyces scabies* encoding a putative pathogenicity factor. J. Bacteriol. *179*, 7776-7783.

Bukhalid, R.A., Chung, S.Y., and Loria, R. (1998). *nec1*, a gene conferring a necrogenic phenotype, is conserved in plant-pathogenic *Streptomyces* spp. and linked to a transposase pseudogene. Mol. Plant-Microbe Interact. *11*, 960-967.

Cantarel, B.I., Coutinho, P.M., Rancurel, C., Bernard, T., Lombard, V. and Henrissat, B. (2009). The carbohydrate-active EnZymes database (CAZy): An expert resource for glycogenomics. Nucleic Acids Res. *37*, D233-D238.

Cao, J., Zheng, L., and Shuyun Chen, S. (1992). Screening of pectinase producer from alkalophilic bacteria and study on its potential application in degumming of ramie Enzyme Microb. Tech. *14*, 1013-1016.

Chellapandi, P., and Jani, H.M. (2008). Production of endoglucanase by the native strains of *Strptomyces* isolates in submerged fermentation. Bra. J. Microbiol. *39*, 122-127.

Chen, S., Su, L.Q., Billig, S., Zimmermann, W., Chen, J., and Wu, J. (2010). Biochemical characterization of the cutinases from *Thermobifida fusca*. J. Mol. Catal. B. Enzym. *63*,121-127.

Chen, S., Tong, X., Woodard, R.W., Du, G., Wu, J., Chen, J. (2008). Identification and characterization of bacterial cutinase. J. Biol. Chem. *283*, 25854-25862.

Chen, Z., Hong, X., Zhang, H., Wang, Y., Li, X., Zhu, J., and Gong, Z. (2005). Disruption of the cellulose synthase gene, *atcesa8/irx1*, enhances drought and osmotic stress tolerance in *Arabidopsis*. Plant J. *43*, 273-283.

Claudel-Renard, C., Chevalet, C., Faraut, F. and Kahnet, D. (2003). Enzyme-specific profiles for genome annotation: PRIAM. Nucleic Acids Res. *31*, 6633-6639.

Cosgrove, D.J. (2000). Expansive growth of plant cell walls. Plant Physiol. Biochem. *38*, 109-124.

Cosgrove, D.J. (2005). Growth of the plant cell wall. Nat. Rev. Mol. Cell Biol. *6*, 850-861.

Crawford, D.L., and Crawford, R.L. (1980). Microbial degradation of lignin. Enzyme Microb. Technol. *2*,11-22.

Dallaire, C. (2007). Les agents pathogènes (*Streptomyces* et *Spongospora*) responsables des gales que l'on retrouve chez la pomme de terre. http//www.Agrireseau.qc.ca

de Klerk, A., McLeod, A., Faurie, R., and van Wyk, P.S. 1997. Net blotch and necrotic warts caused by *Streptomyces scabies* on pods of peanut (*Arachis hypogaea*). Plant Dis. **81**(8): 958.

de Vries, R.P., van Kuyk, P.A., Kester, H.C.M., and Visser, J. (2002). The *Aspergillus niger faeB* gene encodes a second feruloyl esterase involved in pectin and xylan degradation and is specifically induced in the presence of aromatic compounds. Biochem. J. *363*, 377-386.

Dickman, M.B., and Patil, S.S. (1986). Cutinase deficient mutants of *Colletotrichum gloeosporioides* are non-pathogenic to papaya fruit. Physiol. Mol. Plant Pathol. *28*, 235-242.

Dickman, M.B., Podila, G.K., and Kolattukudy, P.E. (1989). Insertion of cutinase gene into a wound pathogen enables it to infect intact host. Nature *342*, 446-448.

Dillard, H.R., Wicks, T.J., and Philip, B. (1988). A grower survey of diseases, invertebrate pests, and pesticide use on potatoes grown in South Australia. Aust. J. Exp. Agric. *33*, 653-661.

Doering-Saad, C., Kämpfer, P., Manulis, S., Kritzman, G., Schneider, J., Zakrzewska-Czerwinska, J., Schrempf, H., and Barash, I. (1992). Diversity among *Streptomyces* strains causing potato scab. Appl. Environ. Microbiol. *58*, 3932-3940.

Donnelly, P.K., and Crawford, D.L. (1988). Production by *Streptomyces viridosporus* T7A of an enzyme which cleaves aromatic acids from lignocellulose. Appl. Environ. Microbiol. *54*, 2237-2244.

Doumbou, C.L., Akimov, V., Côté, M., Charest, P.M., and Beaulieu, C. (2001). Taxonomic study on nonpathogenic streptomycetes isolated from common scab lesions on potato tubers. Syst. Appl. Microbiol. *24*, 451-456.

Dowley, L.J. (1972). Reliability of methods of assessing the degree of tuber attack by common scab of potatoes. Potato Res. *15*, 263-265.

Drouin J.F., Louvel, L., Vanhoutte, B., Vivier, H., Ponset, M.N., and Germain, P. (1997). Quantitative characterization of cellular differentiation of *Streptomyces ambofaciensin* submerged culture by image analysis. Biotechnol. Tech. *11*, 819-824.

Du, L., Huo, Y., Ge, F., Yu, J., Li, W., Cheng, G., Yong, B., Zeng, L. and Huang, M. (2010). Purification and characterization of novel extracellular cholesterol esterase from *Acinetobacter* sp. J. Basic Microbiol. *50,* S30-S36.

Duval, I., Brochu, V., Simard, M., Beaulieu, C. and Beaudoin, N. (2005). Thaxtomin A induces programmed cell death in *Arabidopsis thaliana* suspension-cultured cells. Planta *222,* 820-831.

Elesawy, A.A., and Szabo, I.M. (1979). Isolation and characterization of *Streptomyces scabies* strains from scab lesions on potato tubers. Designation of the neotype strain of *Streptomyces scabies*. Acta Microbiol. Sci. Hung. *26*, 311-320.

el-Sayed, el-S.A. (2001). Production of thaxtomin A by two species of *Streptomyces* causing potato scab. Acta Microbiol. Immunol. Hung. *48*, 67-79.

Emilsson, B., and Gustafsson, N. (1953). Scab resistance in potato cultivars. Acta Agric. Scand. *3*, 33-52.

Espelie, K.E., Davis, R.W., and Kolattukudy, P.E. (1980). Composition, ultrastructure and function of the cutin- and suberin-containing layers in the leaf, fruit peel, juice-sac and inner seed coat of grapefruit (*Citrus paradisi* Macfed.). Planta *149*, 498-511.

FAO. 2007. http://www.fao.org/.

Faucher, E., Paradis, E., Goyer, C., Hodge, N.C., Hogue, R., Stall, R.E., and Beaulieu, C. (1995). Characterization of streptomycetes causing deep-pitted scab of potato in Quebec Canada. Int. J. Syst. Bacteriol. *45*, 222-225.

Faucher, E., Savard, T., and Beaulieu, C. (1992). Characterization of actinomycetes isolated from common scab lesions on potato tubers. Can. J. Plant Pathol. *14*, 197-202.

Fernando, G., Zimmermann, W., and Kolattukudy, P.E. (1984). Suberin-grown *Fusarium solani* f.sp. *pisi* generates a cutinase-like esterase which depolymerises the aliphatic components of suberin. Physiol. Plant Pathol. *24*,143-155.

Fett, W.F., Gerard, H.C., Moreau, R.A., Osman, S.F., and Jones, L.E. (1992a) Cutinase production by *Streptomyces* spp. Curr. Microbiol. *25*, 165-171.

Fett, W.F., Gerard, H.C., Moreau, R.A., Osman, S.F., and Jones, L.E. (1992b) Screening of non filamentous bacteria for production of cutin-degrading enzymes. Appl. Environ. Microb. *58*, 2123-2130.

Fett, W.F., Wijey, C., Moreau, R.A., and Osman, S.F. (1999). Production of cutinase by *Thermomonospora fusca* ATCC 27730. J. Appl. Microbiol. *86*, 561-568.

Fett, W.F., Wijey, C., Moreau, R.A., and Osman, S.F. (2000). Production of cutinolytic esterase by filamentous bacteria. Lett. Appl. Microbiol. *31*, 25-29.

Francis, S., Dewey, F., and Gurr, S. (1996). The role of cutinase in germling development and infection by *Erysiphe graminis* f. sp. *hordei*. Physiol. Mol. Plant Pathol. *49*, 201-211.

Franke RB, Dombrink I, Schreiber L. (2012). Suberin goes genomics: use of a short living plant to investigate a long lasting polymer. Front Plant Sci. *3*, 4.

Franke, R., and Schreiber, L. (2007). Suberin-a biopolyester forming apoplastic plant interfaces. Curr. Opin. Plant Biol. *10*, 252-259.

Gandini, A., Neto, C.P., and Silvestre, A.J.D. (2006). Suberin: A promising renewable resource for novel macromolecular materials. Prog. Polym. Sci. *31*, 878-892.

Gao, M., and Chamuris, G.P. (1993). Microstructural and histochemical changes in *Acer platanoides* rhytidome caused by *Dendrothele acerina* (Aphyllophorales) and *Mycena meliigena* (Agaricales). Mycologia *85*, 987-995.

García-Lepe, R., Nuero, O.M., Reyes, F., and Santamaría, F. (1997). Lipase in autolysed cultures of filamentous fungi. Lett. Appl. Microbiol. *25*, 127-130.

Gérard, H.C., Fett, W.F., Osman, S.F., and Moreau, R.A. (1993). Evaluation of cutinase activity of various industrial lipases. Biotechnol. Appl. Biochem. *17*, 181-189.

González-Fernández, R., Prats, E. and Jorrín-Novo, J.V. (2010). Proteomics of plant pathogenic fungi. J. Biomed. Biotechnol. 932527.

Goyer, C. (2005). Isolation and characterization of phages Stsc1 and Stsc3 infecting *Streptomyces scabiei* and their potential as biocontrol agent. Can. J. Plant Pathol. *27*, 210-216.

Goyer, C., and Beaulieu, C. (1997). Host range of Streptomycete strains causing common scab. Plant Dis. *81*, 901-904.

Goyer, C., Faucher, E., and Beaulieu, C. (1996). *Streptomyces caviscabies* sp. nov., from deep-pitted lesions in potatoes in Quebec, Canada. Int. J. Syst. Evol. Microbiol. *46*, 635-639.

Goyer, C., Vachon, J., and Beaulieu, C. (1998). Pathogenic behavior of *Streptomyces scabies* mutants altered in Thaxtomin A production. Phytopathology *88*, 442-445.

Graça, J., and Pereira, H. (2000). Suberin structure in potato periderm: glycerol, long-chain monomers, and glyceryl and feruloyl dimers. J. Agric. Food Chem. *48*, 5476-5483.

Graça, J., and Santos, S. (2007). Suberin: A biopolyester of plants' skin. Macromol. Biosci. *7*, 128-135.

Green, R., Schottel, J.L., Swenson, L., Wei, Y., and Derwenda, Z. (1992). Crystallization and preliminary crystallographic data of a *Streptomyces scabies* extracellular esterase. J. Mol. Biol. 227, 569-571.

Güssow, H.T. (1914). The systematic position of the organism of the common scab. Science 39, 431-432.

Hartmann, K., Peiter, E., Koch, K., Schubert, S., and Schreiberm, K. (2002). Chemical composition and ultrastructure of broad bean (*Vicia faba* L.) nodule endodermis in comparison to the root endodermis. Planta *215*, 14-25.

Havliš, J., Thomas, H., Šebela, M. and Shevchenko, A. (2003). Fast-response proteomics by accelerated in-gel digestion of proteins. Anal. Chem. *75,* 1300-1306.

Healy, F.G., King, R.R., and Loria, R. (1997). Identification of thaxtomin A non-producing mutants of *Streptomyces scabies*. Phytopathology, *87*, S41.

Healy, F.G., Krasnoff, S.B., Wach, M., Gibson, D.M., and Loria, R. (2002). Involvement of a cytochrome P450 monooxygenase in thaxtomin A biosynthesis by *Streptomyces acidiscabies*. J. Bacteriol. *184*, 2019-2029.

Healy, F.G., Wach, M., Krasnoff, S.B., Gibson, D.M., and Loria, R. (2000). The *txtAB* genes of the plant pathogen *Streptomyces acidiscabies* encode a peptide synthetase required for phytotoxin thaxtomin A production and pathogenicity. Mol. Microbiol. *38*, 794-804.

Heinamies, H., and Seppanen, E. (1971). Morphological, physiological and pathogenic properties of potato scab organism in Finland. Ann. Agr. Fenn. *10*, 174-180.

Henrissat, B., and Davies, G. (1997). Structural and sequence-based classification of glycoside hydrolases. Curr. Opin. Struct. Biol. *7*, 637-644.

Heredia, A. (2003). Biophysical and biochemical characteristics of cutin, a plant barrier biopolymer. Biochim. Biophys. Acta *1620*, 1-7.

Hernandez-Blanco C., Feng, D.X., Hu, J., Sanchez-Vallet, A., Deslandes, L., Llorente, F., Berrocal-Lobo, M., Keller, H., Barlet, X., Sanchez-Rodriguez, C., Anderson, L.K., Somerville, S., Marco, Y., and Molina, A. (2007). Impairment of cellulose synthases required for *Arabidopsis* secondary cell wall formation enhances disease resistance. Plant Cell *19*, 890-903.

Hill, J., and Lazarovits, G. (2005). A mail survey of growers to estimate potato common scab prevalence and economic loss in Canada. Can. J. Plant Pathol. *27*, 46-52.

Hodgson, D.A. (2000). Primary metabolism and its control in streptomyces: a most unusual group of bacteria. Adv. Microb. Physiol. *42*, 47-238.

Holloway, P.J. (1983). Some variations in the composition of suberin from the cork layers of higher plants. Phytochemistry *22*, 495-502.

Hsu, S. (2010). IAA production by *Streptomyces scabies* and its role in plant microbe interaction. Master thesis, Cornell University, New York.

Huss, M. and Wieczorek, H. (2009). Inhibitors of V-ATPases: Old and new players. J. Exp. Biol. *212*, 341-346.

Janse, J.D. (1988). A *Streptomyces* species identified as the cause of carrot scab. Neth. J. Plant Pathol. *94*, 303-306.

Johnson, E.G., Joshi, M.V., Gibson, D.M. and Loria, R. (2007). Cello-oligosaccharides released from host plants induce pathogenicity in scab-causing Streptomyces species. Physiol. Mol. Plant Pathol. *71*, 18-25.

Johnson, E.G., Krasnoff, S.B., Bignell, D.R., Chung, W.C., Tao, T., Parry, R.J., Loria, R., and Gibson, D.M. (2009). 4-Nitrotryptophan is a substrate for the non-ribosomal peptide synthetase TxtB in the thaxtomin A biosynthetic pathway. Mol. Microbiol. *73*, 409-418.

Joshi, M., Rong, X., Moll, S., Kers J., Franco, C., and Loria, R. (2007a). *Streptomyces turgidiscabies* secretes a novel virulence protein, Nec1, which facilitates infection. Mol. Plant Microbe Interact. *20*, 599-608.

Joshi, M.V., Bignell, D.R.D., Johnson, E.G., Sparks, J.P., Gibson D.M., and Loria, R. (2007b). The AraC/XylS¹regulator TxtR modulates thaxtomin biosynthesis and virulence in *Streptomyces scabies*. Mol. Microbiol. *66*, 633-642.

Joshi, M.V., Mann, S.G., Antelmann, H., Widdick, D.A., Fyans, J.K., Chandra, G., Hutchings, M.I., Toth, I., Hecker, M., Loria, R. and Palmer, T. (2010). The twin arginine protein transport pathway exports multiple virulence proteins in the plant pathogen *Streptomyces scabies*. Mol. Microbiol. *77*, 252-271.

Kämpfer, P. (2006). The Family Streptomycetaceae, Part I: Taxonomy. In: The Prokaryotes. M. Dworkin, S. Falkow, E. Rosenberg, K. Schleifer, E. Stackebrandt, eds. (New York: Springer) pp. 538-604.

Kanehisa, M., Goto, S., Kawashima, S., Okuno, Y. and Hattori, M. (2004). The KEGG resource for deciphering the genome. Nucleic Acids Res. *32*, D277–D280.

Katsir, L, Chung, H.S., Koo, A.J., and Howe, G.A. (2008a). Jasmonate signaling: a conserved mechanism of hormone sensing. Curr. Opin. Plant Biol. *11*, 428-435.

Katsir, L., Schilmiller, A.L., Staswick, P.E., He, S.Y., and Howe GA. (2008b) COI1 is a critical component of a receptor for jasmonate and the bacterial virulence factor coronatine. Proc Natl Acad Sci USA *105*, 7100-7105.

Keinath, A.P., and Loria, R. (1989). Population dynamics of *Streptomyces scabies* and other actinomycetes as related to common scab of potato. Phytopathology *79*, 681-687.

Kers, J.A., Cameron, K.D., Joshi, M.V., Bukhalid, R.A., Morello, J.E., Wach, M.J., Gibson, D.M., and Loria, R. (2005). A large, mobile pathogenicity island confers plant pathogenicity on *Streptomyces* species. Mol. Microbiol. *55*, 1025-1033.

Kers, J.A., Wach, M.J., Krasnoff, S.B., Widom, J., Cameron, K.D., Bukhalid, R.A., Gibson, D.M., Crane, B.R., and Loria, R. (2004). Nitration of a peptide phytotoxin by bacterial nitric oxide synthase. Nature *429*, 79-82.

Kieser, T., Bibb, M.J., Buttner, M.J., Chater, K.F., and Hopwood, D.A. (2000). Practical *Streptomyces* Genetics. John Innes Foundation, Norwich, UK.

Kinashi, H., Someno, K., and Sakaguchi, K. (1984). Isolation and characterization of concanamycins A, B and C. J Antibiot (Tokyo) *37*,1333-1343.

King R.R., Lawrence C.H., and Clark M.C. (1991). Correlation of phytotoxin production with pathogenicity of *Streptomyces scabies* isolates from scab infected potato tubers. Am. Potato J. *68*, 675-680.

King, R.R., and Calhoun, L.A. (2009). The thaxtomin phytotoxins: sources, synthesis, biosynthesis, biotransformation and biological activity. Phytochemistry *70*, 833-841.

King, R.R., Lawrence, C.H., and Calhoun, L.A. (1992). Chemistry of phytotoxins associated with *Streptomyces scabies*, the causal organism of potato common scab. J. Agric. Food Chem. *40*, 834-37.

Klemm, D., Heublein, B., Fink, H.P., and Bohn, A. (2005). Cellulose: Fascinating biopolymer and sustainable raw material. Angew. Chem. Int. Ed. *44*, 3358-3393.

Knief, C., Delmotte, N. and Vorholt, J.A. (2011). Bacterial adaptation to life in association with plants - A proteomic perspective from culture to *in situ* conditions. Proteomics *11,* 3086-3105.

Kolattukudy, P.E. (1980). Biopolyester membranes of plants-cutin and suberin. Science *208*, 990-1000.

Kolattukudy, P.E. (1984). Biochemistry and function of cutin and suberin. Can. J. Bot. *62*, 2918-2933.

Kolattukudy, P.E. (1985). Enzymatic penetration of the plant cuticle by fungal pathogens. Annu. Rev. Phytopathol. *23*, 223-250.

Kolattukudy, P.E. (2001). Polyesters in higher plants. Adv. Biochem. Eng, Biotechnol. *71*, 2-49.

Kolattukudy, P.E., and Agrawal, V.P. (1974). Structure and composition of aliphatic constituents of potato tuber skin (suberin). Lipids *9*, 682-691.

Kolattukudy, P.E., Rogers, L.M., Li, D., Hwang, C.S., and Flaishman, M.A. (1995). Surface signaling in pathogenesis. Proc. Natl. Acad. Sci. USA *92*, 4080-4087.

Köller, W., and Parker, D.M. (1989). Purification and characterization of cutinase from *Venturia inaequalis*. Phytopathology 79, 278-283.

Köller, W., Parker, D.M., and Becker, C.M. (1991). Role of cutinase in the penetration of apple leaves by *Venturia inaequalis*. Phytopatholology *81*, 1375-1379.

Köller, W., Yao, C.L., Trail, F., and Parker, D.M. (1995). Role of cutinase in the invasion of plants. Can. J. Bot. *73*, 1109-1118.

Kontkanen, H., Westerholm-Parvinen, A., Saloheimo, M., Bailey, M., Rättö, M., Mattila, I., Mohsina, M., Kalkkinen, N., Nakari-Setälä, T., and Buchert, J. (2009). Novel *Coprinopsis cinerea* polyesterase that hydrolyzes cutin and suberin. Appl. Environ. Microbiol. *75*, 2148-2157.

Korn-Wendisch, F., and Kutzner, H.J. (1992). The family Streptomycetaceae. In: The Prokaryotes: a Handbook on the Biology of Bacteria: Ecophysiology, Isolation, Identification, Applications. 2nd ed, A. Balows, H.G. Träper, M. Dworkin, W. Harder, and K.H. Schleifer, eds. (New York: Springer Verlag), pp. 921-983.

Kreuze J.F., Suomalainen S., Paulin L., and Valkonen J.P. (1999). Phylogenetic analysis of 16S rRNA genes and PCR analysis of the nec1 gene from *Streptomyces* spp. causing common scab, pitted scab, and netted scab in Finland. Phytopathology *89*, 462-469.

Kritzman, G., Shani-Kahani, A., Kirshner, B., Riven, Y., Bar, Z., Katan, J., and Grinstein, A. (1996). Potato wart disease of peanut. Phytoparasitica *24*, 293-304.

Krupková, E., Immerzeel, P., Pauly, M., and Schmulling, T. (2007). The TUMOROUS SHOOT DEVELOPMENT2 gene of Arabidopsis encoding a putative methyltransferase is required for cell adhesion and coordinated plant development. Plant J. *50*, 735-750.

Kumar, R., Singh, S. and Singh, O.V. (2008). Bioconversion of lignocellulosic biomass: Biochemical and molecular perspectives. J. Ind. Microbiol. Biot. *35*, 377-391.

Lambert, D.H., and Loria, R. (1989a). *Streptomyces acidiscabies* sp. nov. Int. J. Syst. Bacteriol. *39*, 393-396.

Lambert, D.H., and Loria, R. (1989b). *Streptomyces scabies* sp. nov., nom. rev. Int. J. Syst. Bacteriol. *39*, 387-392.

Large, E. C., and Honey, J.K. (1953). Survey of common scab of potatoes in Great Britain, 1952 and 1953. Plant Pathol. *4*, 1-8.

Lauzier, A., Goyer, C., Brzezinski, R., Crawford, D.L., and Beaulieu, C. (2002). Effect of amino acids on thaxtomin A biosynthesis in *Streptomyces scabies*. Can. J. Microbiol. *48*, 359-364.

Lauzier, A., Simao-Beaunoir, A.-M, Bourassa, S., Poirier, G.G., Talbot, B., and Beaulieu, C. (2008). Effect of potato suberin on *Streptomyces scabies* proteome. Mol. Plant Pathol. *9*, 753-762.

Lawrence, C.H., Clark, M.C., and King, R.R. (1990). Induction of common scab symptoms in asceptically cultured potato tubers by the vivotoxin, thaxtomin. Phytopathology *80*, 606-608.

Lechevalier, H.A., and Lechevalier, M.P. (1970). A critical evaluation of the genera of aerobic actinomycetes. In: *The Actinomycetales*. H. Prauser, ed., Gustav Fischer Verlag, Jena. pp. 393-405.

Lee, E.Y., Choi, D.Y., Kim, D.K., Kim, J.O., Park, J.O., Kim, S., Kim, S.H., Desiderio, D.M., Kim, Y.K., Kim, K.P. and Gho, Y.S. (2009). Gram-positive bacteria produce membrane vesicles: Proteomics-based characterization of *Staphylococcus aureus*-derived membrane vesicles. Proteomics *9*, 5425-5436.

Legault, G.S., Lerat, S., Nicolas, P., and Beaulieu, C. (2011). Tryptophan regulates Thaxtomin A and Indole-3-Acetic Acid production in *Streptomyces scabiei* and modifies its interactions with radish seedlings. Phytopathology *101*, 1045-1051.

Lehtonen, M.J., Rantala, H., Kreuze, J.F., Bang, H., Kuisma, L., Koski, P., Virtanen, E., Vihlman, K., and Valkonen, J.P.T. (2004). Occurence and survival of potato scab pathogens (*Streptomyces scabies*) on tuber lesions: quick diagnosis based on PCR-based assay. Plant Pathol. *53*, 280-287.

Leiner, R.H., Fry, B., Carling, D.E., and Loria, R. (1996). Probable involvement of thaxtomin A in pathogencitiy of *Streptomyces scabies* on seedlings. Phytopathology *86*, 709-713.

Lendzian, K.J. (2006). Survival strategies of plants during secondary growth: barrier properties of phellems and lenticels towards water, oxygen, and carbon dioxide. J. Exp. Bot. *57*, 2535-2546.

Lerat, S., Forest, M., Lauzier, A., Grondin, G., Lacelle, S. and Beaulieu, C. (2012). Potato suberin induces differentiation and secondary metabolism in the genus *Streptomyces*. Microbes Environ. *27,* 36-42.

Lerat, S., Simao-Beaunoir, A.-M., and Beaulieu, C. (2009). Genetic and physiological determinants of *Streptomyces scabies* pathogenicity. Mol. Plant Pathol. 10, 579-585.

Lerat, S., Simao-Beaunoir, A.-M., Wu, R., Beaudoin, N. and Beaulieu, C. (2010). Involvement of the plant polymer suberin and the disaccharide cellobiose in triggering thaxtomin A biosynthesis, a phytotoxin produced by the pathogenic agent *Streptomyces scabies*. Phytopathology *100,* 91-96.

Lever, M. (1972). A new reaction for colorimetric determination of carbohydrates. Anal. Biochem. *47,* 273-279.

Li, D., Ashby, A.M., and Johnstone, K. (2003). Molecular evidence that the extracellular cutinase Pbc1 is required for pathogenicity of *Pyrenopeziza brassicae* on oilseed rape. Mol. Plant-Microbe Interact. *16*, 545-552.

Lin, T.S., and Kolattukudy, P.E. (1978). lnduction of a biopolyester hydrolase (cutinase) by low levels of cutin monomers in *Fusarium solani* f. sp. *pisi*. J. Bacteriol. *133*, 942-951.

Lin, Y.S., Kisser, H.M., Hopwood, D.A., and Chen, C.W. (1993). The Chromosomal DNA of *Streptomyces lividans* 66 is linear. Mol. Microbiol. *10*, 923-933.

Lindholm, P., Kortemaa, H., Kokkola, M., Haahtela, K., SalkinojaSalonen, M., and Valkonen, J.P.T. (1997). *Streptomyces* spp. isolated from potato scab lesions under Nordic conditions in Finland. Plant Dis. *81*, 1317-1322.

Lloyd, A.B. (1969). Behaviour of *Streptomycetes* in soil. J. gen. Microbiol. *56*, 165-170.

Loria, R., Bignell, D.R.D., Moll, S., Huguet-Tapia, J.C., Joshi, M.V., Johnson, E.G., Seipke, R.F., and Gibson, D.M. (2008). Thaxtomin biosynthesis: the path to plant pathogenicity in the genus *Streptomyces*. Anton. Leeuw. Int. J. G. *94*, 3-10.

Loria, R., Bukhalid, R.A., Creath, R.A., Leiner, R.H., Olivier, M., and Steffens, J.C. (1995). Differential production of thaxtomins by pathogenic *Streptomyces* species in vitro. Phytopathology *85*, 537-541.

Loria, R., Bukhalid, R.A., Fry, B.A., and King, R.R. (1997). Plant pathogenicity in the genus *Streptomyces*. Plant Dis. *81*, 836-846.

Loria, R., Coombs, J., Yoshida, M., Kers, J., and Bukhalid, R. (2003). A paucity of bacterial root diseases: *Streptomyces* succeeds where others fail. Physiol. Mol. Plant Pathol. *62*, 65-72.

Loria, R., Kers, J., and Joshi, M. (2006). Evolution of plant pathogenicity in *Streptomyces*. Annu. Rev. Phytopathol. *44*, 469-487.

Lulai, E.C., and Corsini, D.L. (1998). Differential deposition of suberin phenolic and aliphatic domains and their roles in resistance to infection during potato tuber (*Solanum tuberosum* L.) wound-healing. Physiol. Mol. Plant Pathol. *53*, 209-222.

Lulia, E.C., and Freeman, T.P. (2001). The importance of phellogen cells and their structural characteristics in susceptibility and resistance to excoriation in immature and mature potato tuber (*Solanum tuberosum* L.) periderm. Ann. Bot. *88*, 555-561.

Manulis, S., Shafrir, H., Epstein, E., Lichter, A., and Barash, I. (1994). Biosynthesis of indole-3-acetic acid via the indole-3-acetamide pathway in *Streptomyces* spp. Microbiology *140(Pt 5)*, 1045-1050.

Martinez, C., Nicolas, A., van Tilbeurgh, H., Egloff, M.P., Cudrey, C., Verger, R., and Cambillau, C. (1994). Cutinase, a lipolytic enzyme with a preformed oxyanion hole. Biochemistry *33*, 83-89.

Mason, M.G., Ishizawa, K., Silkstone, G., Nicholls, P. and Wilson, M.T. (2001). Extracellular heme peroxidases in Actinomycetes: A case of mistaken identity. Appl. Environ. Microbiol. *67*, 4512-4519.

McClendon, J.H. (1964). Evidence for the pectic nature of the middle lamella of potato tuber cell walls based on chromatography of macerating enzymes. Am. J. Bot. *51*, 628-633.

McQueen, D.A.R. and Schottel, J.L. (1987). Purification and characterization of a novel extracellular esterase from pathogenic *Streptomyces scabiei* that is inducible by zinc. J. Bacteriol. *169*,1967-1971.

Melotto, M., Mecey, C., Niu, Y., Chung, H.S., Katsir, L., Yao, J., Zeng, W., Thines, B., Staswick, P., Browse, J., Howe, G.A., and He, S.Y. (2008). A critical role of two positively charged amino acids in the Jas motif of Arabidopsis JAZ proteins in mediating coronatine- and jasmonoyl isoleucine-dependent interactions with the COI1 F-box protein. Plant J. *55*, 979-988.

Meneses, N., Mendoza-Hernández, G. and Encarnación, S. (2010). The extracellular proteome of *Rhizobium etli* CE3 in exponential and stationary growth phase. Proteome Sci. *8*, 51.

Miller, C.D., Hall, K., Liang, Y.N., Nieman, K., Sorensen, D., Issa, B., Anderson, A.J., and Sims, R.C. (2004). Isolation and characterization of polycyclic aromatic hydrocarbon-degrading *Mycobacterium* isolates from soil. Microb. Ecol. *48*, 230-238.

Mishra, K.K. and Srivastava, J.S. (2001). Screening potato cultivars for common scab of potato in a naturally infested field. Potato Res. *44*, 19-24.

Miyajima, K., Tanaka, F., Takeuchi, T., and Kuninaga, S. (1998). *Streptomyces turgidiscabies* sp. nov. Int. J. Syst. Bacteriol. *48*, 495-502.

Moire, L., Schmutz, A., Buchala, A., Yan, B., Stark, R.E., and Ryser, U. (1999). Glycerol is a suberin monomer. New experimental evidence for an old hypothesis. Plant Physiol. *119*,1137-1146.

Momsen, W.E. and Brockman, H.L. (1977). Purification and characterization of cholesterol esterase from porcine pancreas. Biochim. Biophys. Acta *486*, 103-113.

Natsume, M, Ryu, R, and Abe, H. (1996). Production of phytotoxins, concanamycins A and B by *Streptomyces* spp. Ann Phytopathol Soc Jpn. *62*, 411-413.

Natsume, M., Komiya, M., Koyanagi, F., Tashiro, N., Kawaide, H., and Abe, H. (2005). Phytotoxin produced by *Streptomyces* sp. causing potato russet scab. J. Gen. Plant Pathol. *71*, 364-369.

Natsume, M., Taki, M., Tashiro, N., and Abe, H. (2001). Phytotoxin production and aerial mycelium formation by *Streptomyces scabies* and *S. acidiscabies in vitro*. J. Gen. Plant Pathol. *67*, 299-302.

Neilson, K.A., Ali1, N.A., Muralidharan, S., Mirzaei1, M., Mariani1, M., Assadourian, G., Lee, A., van Sluyter, S.C. and Haynes, P.A. (2011). Less label, more free: Approaches in label-free quantitative mass spectrometry. Proteomics *11*, 535-553.

Nicole, M., Geiger, J.P., and Nandris, D. (1986). Root rot diseases of *Hevea brasiliensis*. I. some hosts reactions. Eur. J. For. Path. *16*, 37-55.

Normand, P., and Lalonde, M. (1982). Evaluation of *Frankia* strains isolated from provenances of two *Alnus* species. Can. J. Microbiol. 28, 1133-1142.

Ofong, A.U., and Pearce, R.B. (1994). Suberin degrading by *Rosellinia desmazieresii*. Eur. J. For. Pathol. *24*, 316-322.

Onsori, H., Zamani, R.M., Matallebi, M., and Zarghami, N. (2004). Identification of over producer strain of endo-β-1-4-glucanase in *Aspergillus* species: Characterization of crude carboxmethyl cellulase. Biotechn. *4*, 26-30.

Ospina-Giraldo, M.D., McWalters, J., and Seyer, L. (2010). Structural and functional profile of the carbohydrate esterase gene complement in *Phytophthora infestans*. Curr. Genet. *56*, 495-506.

Pacchiano Jr., R.A., Sohn, W., Chlanda, V.L., Garbow, J.R., and Stark, R.E. (1993). Isolation and spectral characterization of plant-cuticle polyesters. J. Agr. Food Chem. *41*, 78-83.

Papagianni, M. (2004). Fungal morphology and metabolite production in submerged mycelial processes. Biotechnol. Adv. *22*, 189-259.

Park, D.H., Kim, J.S., Kwon, S.W., Wilson, C., Yu, Y.M., Hur, J.H., and Lim, C.K. (2003a). *Streptomyces luridiscabiei* sp. nov., *Streptomyces puniciscabiei* sp. nov. and *Streptomyces niveiscabiei* sp. nov., which cause potato common scab disease in Korea. Int. J. Syst. Evol. Microbiol. *53*, 2049-2054.

Park, D.H., Yu, Y.M., Kim, J.S., Cho, J.M., Hur, J.H., and Lim, C.K. (2003b). Characterization of Streptomycetes causing potato common scab in Korea. Plant Dis. *87*, 1290-1296.

Parker, S.K., Curtin, K.M., and Vasil, M.L. (2007). Purification and characterization of mycobacterial phospholipase A: an activity associated with mycobacterial cutinase. J. Bacteriol. *189*, 4153-4160.

Peterson, R.L., and Barker, W.G. (1979). Early tuber development from explanted stolon nodes of Solanum tuberosum var. Kennebec. Botanical Gazette *140*, 398-406.

Pollard, M., Beisson, F., Li, Y., and Ohlrogge, J. (2008). Building lipid barriers: biosynthesis of cutin and suberin. Trends Plant Sci. *13*, 236-246.

Pranata, J., and Jorgensen, W.L. (1991). Monte Carlo simulations yield absolute free energies of binding for guanine-cytosine and adenine-uracil base pairs in chloroform. Tetrahedron *47*, 2491-2501.

Pridham, T.G., Hesseltine, C.W., and Benedict, R.G. (1958). A guide for the classification of streptomycetes according to selected groups: placement of strains in morphological sections. Appl. Microbiol. *6*, 52-79.

Prieto, J.H., Koncarevic, S., Park, S.K., Yates, J. and Becker, K. (2008). Large-scale differential proteome analysis in *Plasmodium falciparum* under drug treatment. PLoS ONE. *3*, e4098.

Puls, J. (1997). Chemistry and biochemistry of hemicelluloses: Relationship between hemicellulose structure and enzymes required for hydrolysis. Macromol. Symp. *120*, 183-196.

Pung, H. and Cross, S. (2000). Common scab - Incidence on seed potatoes and seedborne disease control. In *Potatoes 2000 " Linking research to practice"*, C.M. Williams, and L. J. Walters, eds. (South Australia Adelaide).

Purdy, R.E., and Kolattukudy, P.E. (1975). Hydrolysis of plant cuticle by plant pathogens. Purification, amino acid composition, and molecular weight of two isozymes of cutinase and a nonspecific esterase from *Fusarium solani* f.sp. *pisi*. Biochemistry *14*, 2824–2831.

Rajashankar, K.R., Bryk, R., Kniewel, R., Buglino, J.A., Nathan, C.F. and Lima, C.D. (2005). Crystal structure and functional analysis of lipoamide dehydrogenase from *Mycobacterium tuberculosis*. J. Biol. Chem. *280*, 33977-33983.

Rasse, P.D., Rumpel, C. and Dignac, M.F. (2005). Is soil carbon mostly root carbon? mechanisms for a specific stabilisation. Plant Soil *269*, 341-356.

Raymer, G., Willard, J.M.A., and Schottel, J.L. (1990). Cloning, sequencing, and regulation of the expression of an extracellular esterase gene from plant pathogenic *Streptomyces scabies*. J. Bacteriol. *172*, 7020-7026.

Read, P. J., Storey, R.M.J., and Hudson, D.R. (1995). A survey of black dot and other fungal tuber blemishing diseases in British potato crops at harvest. Ann. Appl. Biol. *126*, 249-258.

Reichl, U., King, R., and Gilles, E.D. (1992). Characterization of pellet morphology during submerged growth of *Streptomycetes tendae* by image analysis. Biotechnol. Bioeng. *39*, 164-170.

Ridley, B.L., O'Neill, M.A., and Mohnen, D. (2001). Pectins: structure, biosynthesis, and oligogalacturonide-related signaling. Phytochemistry *57*, 929-967.

Riederer, M., and Schreiber, L. (2001). Protecting against water loss: analysis of the barrier properties of plant cuticles. J. Exp. Bot. *52*, 2023-2032.

Rousselle, P., Robert, Y., and Crosnier, J.C. (1996). La pomme de terre: production, ennemis et maladies, utilisation. INRA, ITCF: Paris, 607 p.

Rowe, R.C., and Powelson, M.R. (2002). Potato Early Dying : Management challenges in a changing production environment. Plant Dis. *86*, 1184-1193.

Ryser, U., Meier, H. and Holloway, P.J. (1983). Identification and localization of suberin in the cell walls of green cotton fibres (*Gossypium hirsutum* L., var. green lint). Protoplasma *117*, 196-205.

Sabba, R.P., and Lulai, E.C. (2002). Histological analysis of the maturation of native and wound periderm in potato (*Solanum tuberosum* L.) tuber. Ann. Bot. *90*,1-10.

Sadowski, C., Peszek, J., Rzekanowski, C., and Sobkowiak, S. (1996). Effect of irrigation and different nitrogen fertilization rates on the occurrence of *Streptomyces scabies* (Thaxter) on potato cultivated on very light soil. Plant Breeding and Seed Science *40*, 45-49.

Sambrook, J., and Russell, D.W. (2001). Molecular Cloning: a Laboratory Manual, 3rd ed. Cold Spring Harbor Laboratory, Cold Spring Harbor.

Sanglier, J.J., Haag, H., Huck, T.A., and Fehr, T. (1993). Novel bioactive compounds from actinomycetes. Res. Microbiol. *144*, 631-633.

Sanssouci, É., Lerat, S., Grondin, G., Shareck, F. and Beaulieu, C. (2011). Tdd8: A TerD domain-encoding gene involved in *Streptomyces coelicolor* differentiation. Anton Leeuw.Int. J.G. *100,* 385-398.

Scheller, H.V., and Ulvskov, P. (2010). Hemicelluloses. Annu. Rev. Plant Biol. *61*, 263-289.

Schreiber, L., Franke, R., and Hartmann, K. (2005). Wax and suberin development of native and wound periderm of potato (*Solanum tuberosum* L.) and its relation to peridermal transpiration. Planta. *220*, 520-530.

Schreiber, L., Hartmann, K., Skrabs, M., and Zeier, J. (1999). Apoplastic barriers in roots: chemical composition of endodermal and hypodermal cell walls. J. Exp. Bot. *50*, 1267-1280.

Schué, M., Maurin, D., Dhouib, R., Bakala N'Goma, J.C., Delorme, V., Lambeau, G., Carrière, F., and Canaan, S. (2010). Two cutinase-like proteins secreted by *Mycobacterium tuberculosis* show very different lipolytic activities reflecting their physiological function. FASEB J. *24*, 1893-1903.

Seipke, R.F., and Loria, R. (2008). *Streptomyces scabies* 87-22 possesses a functional tomatinase. J. Bacteriol. *190*, 7684-7692.

Serra, O., Hohn, C., Franke, R., and Figueras, M. (2010). A feruloyl transferase involved in the biosynthesis of suberin and suberin-associated wax is required for maturation and sealing properties of potato periderm. Plant J. *62*, 277-290.

Shashkov, A.S., Kosmachevskaya, L.N., Streshinskaya, G.M., Evtushenko, L.I., Bueva, O.V., Denisenko, V.A., Naumova, I.B., and Stackebrandt, E. (2002). A polymer with a backbone of 3-deoxy-D-glycero-D-galacto-non-2-ulopyranosonic acid, a teichuronic acid, and a beta-glucosylated ribitol teichoic acid in the cell wall of plant pathogenic *Streptomyces* sp. VKM Ac-2124. Eur. J. Biochem. *269*, 6020-6025.

Shevchenko, A., Wilm, M., Vorm, O. and Mann, M. (1996). Mass spectrometric sequencing of proteins from silver-stained polyacrylamide gels. Anal. Chem. *68,* 850-858.

Shirling, E.B., and Gottlieb, D. (1968a). Cooperative description of type cultures of Streptomyces. II. Species descriptions from first study. Int. J. Syst. Bacteriol. *18*, 69-189.

Shirling, E.B., and Gottlieb, D. (1968b). Cooperative description of type cultures of *Streptomyces*. III. Additional species descriptions from first and second studies. Int. J. Syst. Bacteriol. *18*, 279-392.

Shirling, E.B., and Gottlieb, D. (1972). Cooperative description of type strain of *Streptomyces* V. Additional descriptions. Int. J. Syst. Bacteriol. *22*, 265-394.

Skamnioti, P., and Gurr, S.J. (2007). *Magnaporthe grisea* cutinase2 mediates appressorium differentiation and host penetration and is required for full virulence. Plant Cell *19*, 2674-2689.

Smith, A.W., Roche, H., Trombe, M.C., Briles, D.E., and Håkansson, A. (2002). Characterization of the dihydrolipoamide dehydrogenase from *Streptococcus pneumoniae* and its role in pneumococcal infection. Mol. Microbiol. *44*, 431-448.

Somerville, C. (2006). Cellulose synthesis in higher plants. Annu. Rev. Cell Dev. Biol. *22*, 53-78.

Spaepen, S., Vanderleyden, J., and Remans, R. (2007). Indole-3-acetic acid in microbial and microorganism-plant signaling. FEMS Microbiol. Rev. *31*, 425-448.

Spooner, F.R., Jr., and Hammerschmidt, R. (1989). Characterization of extracellular pectic enzymes produced by *Streptomyces* species. Phytopathology *79*, 1190.

Stackebrandt, E., Rainey, F.A., and Ward-Rainey, N.L. (1997). Proposal for a new hierarchic classification system, Actinobacteria classis nov. Int. J. Sys. Bacteriol. *47*, 479-491.

Stark, R.E., and Garbow, J.R. (1992). Nuclear magnetic resonance relaxation studies of plant polyester dynamics. 2. suberized potato cell wall. Macromolecules *25*, 149-154.

Stark, R.E., Sohn, W., Pacchiano Jnr, R.A., Al-Bashir, M. and Garbow, J.R. (1994). Following suberization in potato wound periderm by histochemical and solid-state 13C nuclear magnetic resonance methods. Plant Physiol. *104*, 527-533.

Statistique Canada 2012. http://www.statcan.gc.ca/pub/22-008-x/22-008-x2012002-fra.pdf

Statistique Canada.2007. http://www.statcan.ca/english/freepub/22-008-XIE/2007001/part1.htm

St-Onge, R., Goyer, C., Coffin, R., and Filion, M. (2008). Genetic diversity of *Streptomyces* spp. causing common scab of potato in eastern Canada. Syst. Appl. Microbiol. *31*, 474-484.

Subramanium, S., and Prema, P. (2002). Biotechnology of microbial xylanases: Enzymology, molecular biology and application. Critical Rev. Biotechnol. *2*, 33-46.

Sugihara, A., Shimada, Y., Nomura, A., Terai, T., Imayasu, M., Nagai, Y., Nagao, T., Watanabe, Y. and Tominaga, Y. (2002). Purification and characterization of a novel cholesterol esterase from *Pseudomonas aeruginosa*, with its application to cleaning lipid-stained contact lenses. Biosci. Biotech. Bioch. *66*, 2347-2355.

Takeuchi, T., Sawada, H., Tonaka, F., and Madsuda, I. (1996). Phylogenetic analysis of *Streptomyces* spp. causing potato scab based on 16S rRNA sequences. Int. J. Syst. Bacteriol. *46*, 476-479.

Tamura, S., Park, Y., Toriyama, M., and Okabe, M. (1997). Change of mycelial morphology in tylosin production by batch culture of *Streptomyces fradiae* under various shear conditions. J. Ferm. Bioeng. *83*, 523-528.

Tanabe, K., Nishimura, S. and Kohmoto, K. 1988. Pathogenicity of cutinase- and pectic enzymes-deficient mutants of *Alternaria alternata* Japanese pear pathotype. Ann. Phytopathol. Soc. Japan *54*, 552-555.

Tashiro, N., Matsuo, Y., and Sumi, H. (1983). Ecology and analysis of factors affecting the occurrence of potato common scab in the Uwaba district in Saga prefecture. Proceedings of the Ass. Plant Prot. Kyushu *29*, 17-22.

Tatusov, R.L., Koonin, E.V., and Lipman, D.J. (1997). A genomic perspective on protein families. Science *278,* 631-637.

Tesch, C., Nikoleit, K., Gnau, V., Götz, F., and Bormann, C. (1996). Biochemical and molecular characterization of the extracellular esterase from *Streptomyces diastatochromogenes*. J. Bacteriol. *178*, 1858-1865.

Thaxter, R. (1891). The potato scab. Conn. Agric. Expt. Sta. Rept. *1890*, 81-95.

Tommassen, J., Eiglmeier, K., Cole, S.T., Overduin, P., Larson, T.J. and Boos, W. (1991). Characterization of two genes, glpQ and ugpQ, encoding glycerophosphoryl diester phosphodiesterases of *Escherichia coli*. Mol. Gen. Genet. *226*, 321-327.

Trüper, H.G., and De'Clari, L. (1997). Taxonomic note: necessary correction of specific epithets formed as substantives (nouns) "in apposition". Int. J. Syst. Bacteriol. *47*, 908-909.

Tucker, S.L., and Talbot, N.J. (2001). Surface attachment and pre-penetration stage development by plant pathogenic fungi. Annu. Rev. Phytopathol. *39*, 385-417.

Tyner, D.N., Hocart, M.J., Lennard, J.H., and Graham, D.C. (1997). Periderm and lenticel characterization in relation to potato cultivar, soil moisture and tuber maturity. Potato Res. *40*, 181-190.

Uwajima, T. and Terada, O. (1976). Purification and properties of cholesterol esterase from *Pseudomonas fluorescens*. Agric. Biol. Chem. *40,* 1957-1964.

van Kan, J.A., van't Klooster, J.W., Wagemakers, C.A., Dees D.C., and van der Vlugt-Bergmans, C.J. (1997). Cutinase A of *Botrytis cinerea* is expressed, but not essential, during penetration of gerbera and tomato. Mol. Plant-Microbe Interact. *10*, 30-38.

van Keulen, G., Jonkers, H.M., Claessen, D., Dijkhuizen, L., and Wöston, H.A.B. (2003). Differentiation and anaerobiosis in standing liquid cultures of *Streptomyces coelicolor*. J. Bacteriol. *185*, 1455-1458.

van Wezel, G.P., Vijgenboom, E., and Bosch, L. (1991). A comparative study of the ribosomal RNA operons of *Streptomyces coelicolor* A3(2) and sequence analysis of *rrnA*. Nucleic Acids Res. *19*, 4399-4403.

Vanholme, R., Demedts, B., Morreel, K., Ralph, J., and Boerjan, W. (2010). Lignin biosynthesis and structure. Plant Physiol. *153*, 895-905.

Villena, J.F., Dominguez, E., Stewart, D., and Heredia, A. (1999). Characterization and biosynthesis of non-degradable polymers in plant cuticles. Planta *208*, 181-187.

Wach, M.J., Krasnoff, S.B., Loria, R., and Gibson, D.M. (2007). Effect of carbohydrates on the production of thaxtomin A by *Streptomyces acidiscabies*. Arch. Microbiol. *188*, 81-88.

Walton, J.D. (1994). Deconstructing the cell wall. Plant Physiol. *104*,1113-1118.

Wang, W., Tian, S. and Stark, R.E. (2010). Isolation and identification of triglycerides and ester oligomers from partial degradation of potato suberin. J. Agric. Food Chem. *58*, 1040-1045.

Wanner, L.A. (2006). A survey of genetic variation in Streptomyces isolates causing potato common scab in the United States. Phytopathology *96*, 1363-1371.

Wanner, L.A. (2009). A patchwork of *Streptomyces* species isolated from potato common scab lesions in North America. Am. J. Pot. Res. *86*, 247-264.

Weidenmaier, C, and Peschel, A. (2008). Teichoic acids and related cell-wall glycopolymers in Gram-positive physiology and host interactions. Nat. Rev. Microbiol. *6*, 276-87.

Wenzl, H., and Reichard, T. (1974). Der Einfluß von Mineraldüngern auf Kartoffelschorf (*Streptomyces scabies* [Thaxt.] Waksman et Henrici und *Spongospora subterranea* [Wallr.] Lagerh.). Bodenkultur *25*, 130-137.

West, N.P., Chow, F.M., Randall, E.J., Wu, J., Chen, J., Ribeiro, J.M., and Britton, W.J. (2009). Cutinase-like proteins of *Mycobacterium tuberculosis*: characterization of their variable enzymatic functions and active site identification. FASEB J. *23*, 1694-1704.

Wharton P., Driscoll J., Douches, D., Hammerschmidt, R., and Kirk, W. (2007). Common scab of potato. Michigan State University Extension bulletin E-2990. http://www.potatodiseases.org/pdf/common-potato-scab-bulletin.pdf

Wildermuth, H., and Hopwood, D.A. (1970). Septation during sporulation in *Streptomyces coelicolor*. J. gen. Microbiol. *60*, 51-59.

Williamson, G., Kroon, P.A., and Faulds, C.B. (1998). Hairy plant polysaccharides: a close shave with microbial esterases. Microbiology *144*, 2011-2023.

Wilson, D.B. (2011). Microbial diversity of cellulose hydrolysis. *Curr. Opin. Microbiol.* *14*, 259-263.

Wu, X., Lin, J., Zhu J., Hu, Y., Hartmann, K., and Schreiber, L. (2003). Casparian strips in needles of *Pinus bungeana*: isolation and chemical characterization. Physiol. Plant. *117*, 421-424.

Xiang, H., Masuo, S., Hoshino, T. and Takaya, N. (2007). Novel family of cholesterol esterases produced by actinomycetes bacteria. Biochim. Biophys. Acta *1774*, 112-120.

Yan, B. and Stark, R.E. (2000). Biosynthesis, molecular structure, and domain architecture of potato suberin: A 13C NMR study using isotopically labeled precursors. J. Agric. Food Chem. *48*, 3298-3304.

Yang, C.C., Huang, C.H., Li, C.Y., Tsay, Y.G., Lee, S.C. and Chen, C.W. (2002). The terminal proteins of linear Streptomyces chromosomes and plasmids: a novel class of replication priming proteins. Mol. Microbiol. *43*, 297-305.

Yao, C., and Köller, W. (1995). Diversity of cutinases from plant pathogenic fungi: different cutinases are expressed during saprophytic and pathogenic stages of *Alternaria brassicicola*. Mol. Plant-Microbe Interact. *8*, 122-130.

Zeier, J., Goll, A., Yokoyama, M., Karahara, I., and Schreiber, L. (1999). Structure and chemical composition of endodermal and rhizodermal hypodermal walls of several species. Plant Cell Environ. *22*, 271-279.

Zhong, R., and Ye, Z.-H. (2009). Secondary cell ealls. Encyclopedia of Life Sciences, 1-9.

Zimmerman, W., and Seemüller, E. (1984). Degradation of raspberry suberin by *Fusarium solani* f. sp. *pisi* and *Armillaria mellea*. J. Phytopathol. *110*, 192-199.

www.ingramcontent.com/pod-product-compliance
Lightning Source LLC
Chambersburg PA
CBHW021058210326
41598CB00016B/1248